农业科研院所内部控制体系建设研究与实践

荣凤云　周才荣　杨远富◎主编

U0334550

上海财经大学出版社

图书在版编目(CIP)数据

农业科研院所内部控制体系建设研究与实践/荣凤云,周才荣,杨远富主编. —上海:上海财经大学出版社,2022.1
ISBN 978-7-5642-3873-5/F·3873

Ⅰ.①农… Ⅱ.①荣… ②周…③杨… Ⅲ.①农业科学-科研院所-管理体制-研究-中国 Ⅳ.①S-242

中国版本图书馆 CIP 数据核字(2021)第 281237 号

□ 责任编辑 杨 闯
□ 封面设计 张克瑶

农业科研院所内部控制体系建设研究与实践

荣凤云 周才荣 杨远富 主编

上海财经大学出版社出版发行
(上海市中山北一路 369 号 邮编 200083)
网 址:http://www.sufep.com
电子邮箱:webmaster @ sufep.com
全国新华书店经销
江苏凤凰数码印务有限公司印刷装订
2022 年 1 月第 1 版 2022 年 1 月第 1 次印刷

710mm×1 000mm 1/16 13.5 印张(插页:2) 207 千字
定价:68.00 元

本书编委会

前　言

　　内部控制是保障组织权力规范有序、科学高效运行的有效手段,也是组织目标实现的长效保障机制。2012 年,财政部制定《行政事业单位内部控制规范(试行)》(财会〔2012〕21 号)并发布实施。党的十八届四中全会通过的《中共中央关于全面推进依法治国若干重大问题的决定》明确提出:"对财政资金分配使用、国有资产监管、政府投资、政府采购、公共资源转让、公共工程建设等权力集中的部门和岗位实行分事行权、分岗设权、分级授权,定期轮岗,强化内部流程控制,防止权力滥用。"2015 年,财政部印发《关于全面推进行政事业单位内部控制建设的指导意见》(财会〔2015〕24 号),要求全面推进行政事业单位内部控制建设,"到 2020 年,基本建成与国家治理体系和治理能力现代化相适应的,权责一致、制衡有效、运行顺畅、执行有力、管理科学的内部控制体系,更好发挥内部控制在提升内部治理水平、规范内部权力运行、促进依法行政、推进廉政建设中的重要作用"。2016 年,农业部印发《农业部办公厅关于全面推进行政事业单位内部控制建设有关事项的通知》(农办财〔2016〕5 号),要求部属单位全面执行《行政事业单位内部控制规范(试行)》,建立健全适合本单位实际情况的内部控制体系,确保内部控制覆盖单位经济和业务活动的全范围,贯穿内部权力运行的决策、执行和监督全过程,规范单位内部各层级的全体人员,促进公共服务效能和内部治理水平不断提高。

　　中国热带农业科学院认真贯彻落实财政部、农业农村部要求,在单位主要负责人的直接领导下,科学设置岗位职责权限,全面梳理业务流程,明确业务环节,分析风险隐患,完善风险评估机制,制定风险应对策略,2016 年 6 月底前完成内部控制规程的制定,并组织实施。在之后年度中,不断根据内控环境变化,对内控体系进行运行维护。

　　本书归纳了农业科研院所内部控制建设的基本程序和要求,并以中国热带农业科学院本级为例,对农业科研院所内部控制建设中单位层面、业务层面需要关注的业务流程、风险点、管控措施等进行详细介绍,希望能对农业科研院所开展内部控制建设有所助益,同时也有利于我们总结经验,查缺补漏,持续深化推进内控制度建设,不断提高内部控制工作水平。

　　本书在写作过程中,得到了中国热带农业科学院各级领导和职能部门的大力支持,得到了中国热带农业科学院本级中央科研院所基本科研业务费项目——农业科研院所内部控制体系建设研究(项目编号:1630012021003)的支持,在此表示感谢。由于作者的水平和经验有限,书中疏漏之处在所难免,敬请广大读者批评指正,以便继续完善。

编　者

2021 年 8 月

目　录

第一章　内部控制概述

第一节　内部控制发展概况

自 20 世纪 30 年代以来,内部控制在会计学的理论研究和实际运用方面得到了广泛的关注,内部控制的作用已经得到了普遍的认可。内部控制理论是随着管理的需要、内部控制实践经验的丰富而逐渐发展起来的,大致经历了内部牵制阶段、会计控制和管理控制阶段、内部控制制度阶段、内部控制结构阶段、内部控制整体框架阶段和风险管理整合框架阶段。

一、内部控制的概念

"内部控制"一词最早出现在 1936 年美国会计师协会发布的《注册会计师对财务报表的审查》文件中,是指为保护现金和其他资产、检查账簿的准确性而在公司内部采用的手段和方法。近几十年来,随着内部控制理论以及认识的不断发展,不仅在美国,而且在其他国家和组织,其概念的内涵和外延也都发生了较大的变化。

较为经典的是美国审计准则委员会(ASB)对内部控制的定义。1972 年,美国审计准则委员会发布《审计准则公告》,该公告循着《证券交易法》的路线进行研究和讨论,对内部控制提出了以下定义:"内部控制是在一定的环境下,单位为了提高经营效率、充分有效地获得和使用各种资源,达到既定管理目标,而在单位内部实施的各种制约和调节的组织、计划、程序和方法。"

我国 1997 年开始实施的《独立审计具体准则第九号——内部控制与审计风险》对该词的定义是:"内部控制是被审计单位为了保证业务活动的有效进行,保护资产的安全与完整,防止、发现、纠正错误与舞弊,保证会计资料的真实、合法、完整而制定和实施的政策与程序。"经过多年的不断实践、完善,较为系统和全面地概括了内部控制的内涵。内部控制是指一个单位为了实现其经营目标,保护资产的安全完整,保证会计信息资料的正确可靠,确保经营方针的贯彻执行,保证经营活动的经济性、效率性和效果性,而在单位内部采取的自我调整、约束、规划、评价和控制的一系列方法、手段与措施的总称。

二、内部控制理论的发展

内部控制是社会经济发展的必然产物,它是随着外部竞争的加剧和内部强化管理的需要而不断丰富和发展的。纵观内部控制理论的发展历程,大致经历了以下六个阶段:

(一)内部牵制阶段

基本是以查错防弊为目的,以职务分离和账目核对为手法,以钱、账、物等会计事项为主要控制对象。这是内部控制理论发展的初期阶段。

(二)会计控制和管理控制阶段

1934 年美国的《证券交易法》首先提出了"内部会计控制"的概念,要求证券发行人设计并维护一套能为投资人提供合理保证的会计信息的内部会计控制系统。

(三)内部控制制度阶段

1936 年,美国颁布了《独立公共会计师对财务报表的审查》,首次定义了内部控制:"内部稽核与控制制度是指为保证公司现金和其他资产的安全,检查账簿记录的准确性而采取的各种措施和方法。"此后,美国审计程序委员会又经过了多次修改。1973 年在美国审计程序公告 55 号中,对内部控制制度的定义作了如下解释:"内部控制制度有两类:内部会计控制制度和内部管理控制制度,内部管理控制制度包括且不限于组织结构的计划,以及关于管理部门对事项核准的决策步骤上的程序与记录。会计控制制度包括组织机构的设计以及与财产保护和财务会计记录可靠性有直接关系的各种措施。"

（四）内部控制结构阶段

1988 年 4 月美国注册会计师协会发布的《审计准则公告第 55 号》规定，从 1990 年 1 月起以该公告取代 1972 年发布的《审计准则公告第 1 号》。该公告的颁布和实施可视为内部控制理论研究的一个新的突破性成果。1995 年发布了《审计准则公告第 78 号》，取代了《审计准则公告第 55 号》。也就是目前理论界认为较为成熟的内部控制理论，即内部控制结构和内部控制整体架构理论。

（五）内部控制整体框架阶段

1992 年 9 月，美国反虚假财务报告委员会下属的发起人委员会（The Committee of Sponsoring Organization of the Treadway Commission，以下简称"COSO 委员会"）提出了报告《内部控制——整体框架》。该框架指出："内部控制是受企业董事会、管理层和其他人员影响，为经营的效率效果、财务报告的可靠性、相关法规的遵循性等目标的实现而提供合理保证的过程。"1996 年底，美国审计委员会认可了 COSO 的研究成果，并修改相应的审计公告内容。

（六）风险管理整合框架阶段

2004 年，COSO 委员会发布《企业风险管理——整合框架》。《企业风险管理——整合框架》认为："企业风险管理是一个过程，它由一个主体的董事会、管理当局和其他人员实施，应用于战略制订并贯穿于企业之中，旨在识别可能会影响主体的潜在事项、管理风险以使其在该主体的风险容量之内，并为主体目标的实现提供合理保证。"该框架拓展了内部控制，更有力、更广泛地关注于企业风险管理这一更加宽泛的领域。风险管理框架包括了八大要素：内部环境、目标设定、事项识别、风险评估、风险应对、控制活动、信息与沟通、监控。

三、内部控制的目标

根据《企业内部控制基本规范》（财会〔2008〕7 号），内部控制包括五大目标：合理保证企业经营管理合法合规，资产安全，财务报告及相关信息真实完整，提高经营效率和效果，促进企业实现发展战略。

报告目标：对内对外报告的可靠性。

经营目标：对风险做出适当反应，促进运营的效率和效益（为企业目标的实现提供合理保证）。

合规目标：法律法规、商业行为的内部政策。

四、内部控制的原则

(一)合法性原则

是指企业必须以国家的法律法规为准绳，在国家的规章制度范围内，制定本企业切实可行的财务内控制度。

(二)整体性原则

是指企业的财务内控制度必须充分涉及企业财务会计工作的各个方面的控制，它既要符合企业的长期规划，又要注重企业的短期目标，还要与企业的其他内控制度相互协调。

(三)针对性原则

是指内控制度的建立要根据企业的实际情况，针对企业财务会计工作中的薄弱环节制定企业切实有效的内控制度，将各个环节和细节加以有效控制，以提高企业的财务会计水平。

(四)一贯性原则

是指企业的财务内控制度必须具有连续性和一致性。

(五)适应性原则

是指企业财务内控制度应根据企业变化了的情况及财务会计专业的发展及社会发展状况及时补充企业的财务内控制度。

(六)经济性原则

是指企业的财务内控制度的建立要考虑成本效益原则。也就是说，企业财务内控制度的操作性要强，要切实可行。

(七)发展性原则

是指制定企业财务内控制度要充分考虑宏观政策和企业的发展，密切洞察竞争者的动向，制定出具有发展性或未来着眼点的规章制度。

五、内部控制的要素

1992 年,美国反欺诈财务报告全国委员会经过多年研究,针对公司行政总裁、其他高级执行官、董事、立法部门和监管部门的内部控制进行高度概括,发布《内部控制——整体框架》(Internal Control—Integrated Framework)报告,即通称的 COSO 报告。COSO 报告目前已成为理论界公认的关于内部控制理论的最新的权威成果,也是我国内部控制以及行政事业单位内部控制的重要依据,特别是报告中提出的内部控制五个要素在各种内部控制的研究文献中引用率极高。包括:控制环境(control environment)、风险评估(risk assessment)、控制活动(control activities)、信息与沟通(information and communication)、监控(monitoring)。[1]

(一)控制环境

控制环境是所有其他组成要素的基础,包括以下要素:

1.诚信和道德价值观。

2.致力于提高员工工作能力及促进员工职业发展的承诺。

3.董事会和审计委员会。包括的因素有董事会和审计委员会与管理者之间的独立性、成员的经验和身份、参与和监督活动的程度、行为的适当性。

4.管理层的理念和经营风格。

5.组织结构。包括定义授权和责任的关键领域以及建立适当的报告流程。

6.权限及职责分配。经营活动的权限和权责分配以及建立报告关系和授权协议。它包括以下几点:

(1)被激励主动发现问题并解决问题以及被授予权限的程度;

(2)也描述适当的经营实践,关键人员的知识和经验,提供给执行责任的资源政策;

(3)确保所有人理解公司目标,每个人知道他的行为与目标实现的关联和贡献的重要程度。

---

[1]　罗伯特・R. 穆勒. COSO 内部控制实施指南[M]. 秦荣生,张庆龙,韩菲,译. 北京:电子工业出版社,2015.

7.人力资源政策及程序。

（二）风险评估

首先,风险评估的前提条件是设立目标。只有先确立了目标,管理层才能针对目标确定风险并采取必要的行动来管理风险。设立目标是管理过程重要的一部分。尽管其并非内部控制要素,但它是内部控制得以实施的先决条件。

其次,识别与上述目标相关的风险。

再次,评估上述被识别风险的后果和可能性。一旦确定了主要的风险因素,管理层就可以考虑它们的重要程度,并尽可能将这些风险因素与业务活动联系起来。

最后,针对风险的结果,考虑适当的控制活动。

（三）控制活动

控制活动指为确保管理层指示得以执行,削弱风险的政策（做什么）和程序（如何做）。它们有助于保证采取必要措施来管理风险以实现企业目标。控制活动贯穿于企业的所有层次和部门,包括一系列不同的活动,如批准、授权、查证、核对、复核经营业绩、资产保护以及职责分工等。

（四）信息与沟通

相关的信息必须以一种能使人们行使各自职能的形式和时限被识别、掌握和沟通。信息系统不仅处理内部资料,而且还处理形成企业决策和外部报告所必需的外部事件、行为和条件的信息。有效的交流还必须广泛地进行,涉及机构的各个方面。所有人员都要从高级管理层获得清楚的信息,他们必须明白各自在内部控制制度中的作用,明白个人的行为如何与他人的工作相联系。他们必须有自下而上传递重要信息的方法。顾客、供应商、监管者和股东这样的外界之间也必须有有效的沟通。

（五）监控

一个评估系统在一定时期运行质量的过程。这一过程通过持续的监控行为、独立的评估或两者相结合来实现。持续的监控行为发生在经营的过程中。它包括日常管理和监管行为。独立评估的范围和频率主要依赖于风险评估和持续监控程序的有效性。内部控制的缺陷应自下而上进行报告,重要事项应报告高层管理人员和董事会。

六、内部控制的作用①

内部控制主要是指内部管理控制和内部会计控制,内部控制系统有助于企业达到自身规定的经营目标。随着社会主义市场经济体制的建立,内部控制的作用会不断扩展。目前,它在经济管理和监督中主要有以下作用:

(一)提高会计信息资料的正确性和可靠性

企业决策层要想在瞬息万变的市场竞争中有效地管理经营企业,就必须及时掌握各种信息,以确保决策的正确性,并可以通过控制手段尽量提高所获信息的准确性和真实性。因此,建立内部控制系统可以提高会计信息的正确性和可靠性。

(二)保证生产和经营活动顺利进行

内部控制系统通过确定职责分工,严格各种手续、制度、工艺流程、审批程序、检查监督手段等,可以有效地控制本单位生产和经营活动顺利进行、防止出现偏差、纠正失误和弊端、保证实现单位的经营目标。

(三)保护企业财产的安全完整

财产物资是企业从事生产经营活动的物质基础。内部控制可以通过适当的方法对货币资金的收入、支出、结余以及各项财产物资的采购、验收、保管、领用、销售等活动进行控制,防止贪污、盗窃、滥用、毁坏等不法行为,保证财产物资的安全完整。

(四)保证企业既定方针的贯彻执行

企业决策层不但要制定管理经营方针、政策、制度,而且要狠抓贯彻执行。内部控制则可以通过制定办法、审核批准、监督检查等手段促使全体职工贯彻和执行既定的方针、政策和制度;同时,可以促使企业领导和有关人员执行国家的方针、政策,在遵守国家法规纪律的前提下认真贯彻企业的既定方针。

(五)为审计工作提供良好基础

审计监督必须以真实可靠的会计信息为依据,检查错误,揭露弊端,评价经济责任和经济效益,而只有具备了完备的内部控制制度,才能保证信息的准

---

① 付君.内部控制学[M].上海:立信会计出版社,2015.

确、资料的真实,并为审计工作提供良好的基础。总之,良好的内部控制系统可以有效地防止各项资源的浪费和错弊的发生,提高生产、经营和管理效率,降低企业成本费用,提高企业经济效益。

七、内部控制的种类

内部控制制度的重点是严格会计管理,设计合理有效的组织机构和职务分工,实施岗位责任分明的标准化业务处理程序。内部控制按其作用范围大体可以分为以下两种:

(一)内部会计控制

内部会计控制其范围直接涉及会计事项各方面的业务,主要是指财务部门为了防止侵吞财物和其他违法行为的发生,以及保护企业财产的安全所制定的各种会计处理程序和控制措施。例如,由无权经管现金和签发支票的第三者每月编制银行存款调节表,就是一种内部会计控制,通过这种控制,可提高现金交易的会计业务、会计记录和会计报表的可靠性。

(二)内部管理控制

内部管理控制范围涉及企业生产、技术、经营、管理的各部门、各层次、各环节。其目的是为了提高企业管理水平,确保企业经营目标和有关方针、政策的贯彻执行。例如,企业单位的内部人事管理、技术管理等,就属于内部管理控制。

八、内部控制的建立与方法

(一)内部控制的建立[①]

企业内部控制是现代企业管理的重要手段。内部控制有效与否,直接关系到一个企业的兴衰成败。企业实行有效的内部控制制度,有助于促进企业拓展生产、提高经济效益。下面简单介绍一下如何建立企业内部控制制度:

1. 健全管理法律法规和公司制度

企业管理内部控制在很大程度上取决于规章制度的监管,而监管力度的

---

① 何盛明. 财经大辞典[Z]. 北京:中国财政经济出版社,1990.

大小与国家颁布的相关法律法规和公司制定的制度有关。因此,国家法律在各行业财务管理中须明确各项权利和职责,对违法行为进行严格惩罚,同时,不断完善各项规章制度,加快各项管理的有效实施;企业管理者需要明确各岗位的工作职责和要求,保证工作和管理的顺利实施。

2.组织机构控制

组织机构的控制包括组织机构的设置、分工的科学性、部门岗位责任制、人员素质的控制。在设置内部机构时,企业管理者既要考虑工作的需要,也应兼顾内部控制的需要,使机构设置既精炼又合理。因此,对企业内部组织结构和职责分工要有整体规划。

3.预算控制

预算控制是内部控制的重要组成部分,其内容可以涵盖企业经营活动的全过程,包括筹资、采购、生产、销售、投资等诸多方面。因此,企业管理者进行预算控制,是为了达到企业既定目标而编制的经营、资本、财务等的年度收支总体计划。

4.风险防范控制

在市场经济中,企业不可避免地会遇到各种风险,因此为防范规避风险,企业管理者应建立风险评估机制。企业常有的风险评估内容有筹资风险评估、投资风险评估、信用风险评估。

5.财产保全控制

企业的各种财产物资只有经过授权才可以被接触或处理,以保证资产的安全。主要内容有:(1)限制接近资产。只有经过企业管理者授权批准的人员才能够接触现金、其他易变现资产、存货资产等。(2)定期盘点实物。企业管理者建立对资产定期盘点制度,对盘点中出现的差异应进行调查,对盘亏资产应分析原因、查明责任。(3)财产保险。企业管理者通过对资产投保增加实物受损后的补偿机会,从而保护实物的安全。

(二)内部控制的方法

内部控制的一般方法通常包括职责分工控制、授权控制、审核批准控制、预算控制、财产保护控制、会计系统控制、内部报告控制、经济活动分析控制、绩效考评控制、信息技术控制等。[①]

1. 职责分工控制

要求根据企业目标和职能任务,按照科学、精简、高效的原则,合理设置职能部门和工作岗位,明确各部门、各岗位的职责权限,形成各司其职、各负其责、便于考核、相互制约的工作机制。

企业在确定职责分工过程中,应当充分考虑不相容职务相互分离的制衡要求。不相容职务通常包括:授权批准、业务经办、会计记录、财产保管、稽核检查等。

2. 授权控制

要求企业根据职责分工,明确各部门、各岗位办理经济业务与事项的权限范围、审批程序和相应责任等内容。企业内部各级管理人员必须在授权范围内行使职权和承担责任,业务经办人员必须在授权范围内办理业务。

3. 审核批准控制

要求企业各部门、各岗位按照规定的授权和程序,对相关经济业务和事项的真实性、合规性、合理性以及有关资料的完整性进行复核与审查,通过签署意见并签字或者盖章,作出批准、不予批准或者其他处理的决定。

4. 预算控制

要求企业加强预算编制、执行、分析、考核等各环节的管理,明确预算项目,建立预算标准,规范预算的编制、审定、下达和执行程序,及时分析和控制预算差异,采取改进措施,确保预算的执行。

5. 财产保护控制

要求企业限制未经授权的人员对财产的直接接触和处置,采取财产记录、实物保管、定期盘点、账实核对、财产保险等措施,确保财产的安全完整。

6. 会计系统控制

要求企业根据《中华人民共和国会计法》《企业会计准则》和国家统一的会计制度,制定适合本企业的会计制度,明确会计凭证、会计账簿和财务会计报

---

① 中华人民共和国财政部网.财政部 证监会 审计署 银监会 保监会关于印发《企业内部控制基本规范》的通知.[2008].http://www.mof.gov.cn/gkml/caizhengwengao/caizhengbuwengao2008/caizhengbuwengao20087/200810/t20081030_86252.htm.

告以及相关信息披露的处理程序,规范会计政策的选用标准和审批程序,建立、完善会计档案保管和会计工作交接办法,实行会计人员岗位责任制,充分发挥会计的监督职能,确保企业财务会计报告真实、准确、完整。

7.内部报告控制

要求企业建立和完善内部报告制度,明确相关信息的收集、分析、报告和处理程序,及时提供业务活动中的重要信息,全面反映经济活动情况,增强内部管理的时效性和针对性。

内部报告方式通常包括:例行报告、实时报告、专题报告、综合报告等。

8.经济活动分析控制

要求企业综合运用生产、购销、投资、财务等方面的信息,利用因素分析、对比分析、趋势分析等方法,定期对企业经营管理活动进行分析,发现存在的问题,查找原因,并提出改进意见和应对措施。

9.绩效考评控制

要求企业科学设置业绩考核指标体系,对照预算指标、盈利水平、投资回报率、安全生产目标等业绩指标,对各部门和员工当期业绩进行考核和评价,兑现奖惩,强化对各部门和员工的激励与约束。

10.信息技术控制

要求企业结合实际情况和计算机信息技术应用程度,建立与本企业经营管理业务相适应的信息化控制流程,提高业务处理效率,减少和消除人为操纵因素,同时加强对计算机信息系统开发与维护、访问与变更、数据输入与输出、文件储存与保管、网络安全等方面的控制,保证信息系统安全、有效运行。

11.与财务报告相关的内部控制

内部控制被定义为一个流程,该流程由公司的首席执行官和财务总监或类似人员设计并监督其运行,并由公司董事会、管理层和其他相关人员实行,从而对财务报告的可靠性以及对外披露的财务报告的编制是否符合公认会计准则提供合理保证。这一流程包括如下政策和程序:

首先,公司的相关记录在合理的程度上正确和公允地反映了公司对交易的记录和对资产的处置。

其次,公司对相关交易的记录能够为公司按照公认会计准则准备财务报告提供合理的保证,确保公司的收入和支出都经过了公司管理层和董事的授权批准。

再者,能够防止和及时发现对财务报告产生重大影响的非法行为,这种行为包括对公司资产不合法的占有、利用和处置。

第二节　我国行政事业单位内部控制发展概况

一、我国行政事业单位内部控制开展背景

(一)党和国家领导人讲话精神和中央"八项规定"的内在要求

2012 年中央"八项规定"出台,中央"八项规定"客观上要求行政事业单位通过建章立制,以规范调研、会议、出访以及住房等管理过程,实现单位经费管理的规范化和制度化。

(二)党的群众路线教育实践活动深入开展的重要抓手

自 2013 年 4 月开始,党中央要求自上而下开展党的群众路线教育实践活动。行政事业单位内部控制通过梳理和评估单位内部管理制度,建立健全单位内部管理制度体系框架,优化完善制度内容设计,以提升单位内部管理水平、加强廉政风险防控的重要手段,可以为单位深入开展党的群众路线活动提供抓手,推动党的群众路线教育实践活动深入开展。

(三)十八届三中全会关于全面深化改革的主要内容

十八届三中全会通过的《中共中央关于全面深化改革若干重大问题的决定》,行政事业单位内部控制建设通过优化机构设置、职能配置、工作流程,完善决策权、执行权、监督权既相互制约又相互协调的机制,进一步提升单位内部管理水平、加强廉政风险防控建设,是各级机关单位贯彻十一届三中全会精神、落实全面深化改革部署的重要切入点。

(四)《党政机关厉行节约反对浪费条例》的具体要求

2013 年 11 月,中共中央国务院发布《党政机关厉行节约反对浪费条例》,该条例的核心在于规范单位经费管理,分别对预算管理、支出管理、核算管理、采购管理、国内差旅、因公临时出国(境)、公务用车、公务接待、会议活动、培训

活动、节庆活动、办公用房、办公设备、办公家具、办公用品、政务软件等经费支出进行了规定。同时配套出台多项政策法规,要求行政事业单位强化资金管控、规范经费管理。行政事业单位内部控制建设以资金管控为核心,通过建章立制可以帮助单位规范经费管理,在体制机制上落实厉行节约反对浪费条例的相关要求。

二、我国行政事业单位内部控制依据

2012 年 11 月 29 日,财政部印发《行政事业单位内部控制规范(试行)》(财会〔2012〕21 号,以下简称《内部控制规范》)。该《内部控制规范》分总则、风险评估和控制方法、单位层面内部控制、业务层面内部控制、评价与监督、附则 6 章 65 条,自 2014 年 1 月 1 日起施行。《内部控制规范》的颁布和实施,标志着我国内控建设工作又上了一个新台阶,内控建设的范围进一步扩大,由原先的单一企业主体向行政事业单位领域拓展,进一步提高我国行政事业单位的内部管理水平,规范内部控制,加强廉政风险防控机制建设。

三、我国行政事业单位内部控制概述

行政事业单位内部控制是单位管理制度的组成部分。它由内部控制环境、风险评估、内部控制活动、信息与沟通和内部控制监督等要素组成,并体现为与行政、管理、财务和会计系统融为一体的组织管理结构、政策、程序和措施等,是行政事业单位为履行职能、实现总体目标而应对风险的自我约束和规范的过程。[①]

(一)行政事业单位内部控制的概念

行政事业单位内部控制是指单位为实现控制目标,通过制定制度、实施措施和执行程序,对经济活动的风险进行防范和管控。

(二)行政事业单位内部控制的目标

行政事业单位内部控制的目标主要包括:合理保证单位经济活动合法合

---

① 中华人民共和国财政部网.财政部关于印发《行政事业单位内部控制规范(试行)》的通知.〔2013〕. http://www. mof. gov. cn/gkml/caizhengwengao/wg2013/wg201301/201303/t20130315_777423. htm.

规、资产安全和使用有效、财务信息真实完整,有效防范舞弊和预防腐败,提高公共服务的效率和效果。

(三)行政事业单位内部控制建立与实施的原则

行政事业单位内部控制建立与实施应遵循以下原则:

1.全面性原则。内部控制应当贯穿单位经济活动的决策、执行和监督全过程,实现对经济活动的全面控制。

2.重要性原则。在全面控制的基础上,内部控制应当关注单位重要经济活动和经济活动的重大风险。

3.制衡性原则。内部控制应当在单位内部的部门管理、职责分工、业务流程等方面形成相互制约和相互监督。

4.适应性原则。内部控制应当符合国家有关规定和单位的实际情况,并随着外部环境的变化、单位经济活动的调整和管理要求的提高,不断修订和完善。

(四)行政事业单位内部控制的要素

行政事业单位内部控制建立与实施应包括以下几个要素:

1.内部环境——行政事业单位实施内部控制的基础。

2.风险评估——行政事业单位及时识别、系统分析经营活动中与实现内部控制目标相关的风险,合理确定风险应对策略。

3.控制活动——行政事业单位根据风险评估结果,采用相应的控制措施、政策和方法,将风险控制在可承受的范围之内。

4.信息与沟通——行政事业单位及时、准确地收集、传递与内部控制相关的信息,并在行政事业单位内部、单位与外部之间进行有效沟通。

5.内部监督——行政事业单位对内部控制建立与实施情况进行监督检查,评价内部控制的有效性,发现内部控制缺陷,应当及时加以改进。

四、我国行政事业单位内部控制风险评估和控制方法

(一)行政事业单位内部控制的风险评估

行政事业单位应当建立经济活动风险定期评估机制,对经济活动存在的风险进行全面、系统和客观的评估。经济活动风险评估至少每年进行一次;外

部环境、经济活动或管理要求等发生重大变化的,应及时对经济活动风险进行重估。单位开展经济活动风险评估应当成立风险评估工作小组,单位领导担任组长。经济活动风险评估结果应当形成书面报告并及时提交单位领导班子,作为完善内部控制的依据。

(二)行政事业单位内部控制的控制方法

行政事业单位内部控制的控制方法一般包括以下几种:

1.不相容岗位相互分离。合理设置内部控制关键岗位,明确划分职责权限,实施相应的分离措施,形成相互制约、相互监督的工作机制。

2.内部授权审批控制。明确各岗位办理业务和事项的权限范围、审批程序和相关责任,建立重大事项集体决策和会签制度。相关工作人员应当在授权范围内行使职权、办理业务。

3.归口管理。根据本单位实际情况,按照权责对等的原则,采取成立联合工作小组并确定牵头部门或牵头人员等方式,对有关经济活动实行统一管理。

4.预算控制。强化对经济活动的预算约束,使预算管理贯穿于单位经济活动的全过程。

5.财产保护控制。建立资产日常管理制度和定期清查机制,采取资产记录、实物保管、定期盘点、账实核对等措施,确保资产安全完整。

6.会计控制。建立健全本单位财会管理制度,加强会计机构建设,提高会计人员业务水平,强化会计人员岗位责任制,规范会计基础工作,加强会计档案管理,明确会计凭证、会计账簿和财务会计报告处理程序。

7.单据控制。要求单位根据国家有关规定和单位的经济活动业务流程,在内部管理制度中明确界定各项经济活动所涉及的表单和票据,要求相关工作人员按照规定填制、审核、归档、保管单据。

8.信息内部公开。建立健全经济活动相关信息内部公开制度,根据国家有关规定和单位的实际情况,确定信息内部公开的内容、范围、方式和程序。

五、我国行政事业单位内部控制的类型

我国行政事业单位内部控制分为单位层面内部控制和业务层面内部

控制。

（一）单位层面内部控制

单位层面内部控制为业务层面内部控制提供环境基础。单位层面内部控制涉及决策议事机制、岗位责任制、人力资源政策、单位文化、财务体系和信息技术运用等方面。

1.决策议事机制

单位应当制定单位领导班子议事决策程序等有关制度，完善议事决策机制。单位建立议事决策机制应当符合以下要求：

（1）集体研究与专家论证、技术咨询相结合。单位应当建立健全集体研究、专家论证和技术咨询相结合的议事决策机制。这要求单位在做出重大决策时，对于专业性比较强的，应当注意听取专家的意见，必要时可以组织技术咨询。

（2）明确实行集体决策的重大经济事项的范围。大额资金使用、大宗设备采购、基本建设等重大经济事项的内部决策，应由单位领导班子集体研究决定。由于各单位实际情况不同，重大经济事项的认定标准应当根据有关规定和本单位实际情况确定，一经确定，不得随意变更。

（3）做好记录备案，注重决策落实。单位应当做好相关会议记录，如实反映每一个领导班子成员的决策过程和意见，并请每一位领导班子成员核实记录并签字，及时归档。决策后要对决策执行的效率和效果进行跟踪评价，避免决策走过场、失去权威性。

2.岗位责任制

单位应当建立健全内部控制关键岗位责任制，明确岗位职责及分工。内部控制关键岗位主要包括预算业务管理、收支业务管理、政府采购业务管理、资产管理、建设项目管理、合同管理以及内部监督等经济活动的关键岗位。

在建立岗位责任制时，应当确保不相容岗位相互分离、相互制约和相互监督。通常的要求就是单位经济活动的决策、执行、监督的相互分离和相互制约，以及业务经办、财产保管、会计记录的相互分离和相互制约。

3.人力资源政策

人力资源政策是内部环境的重要组成部分。人力资源政策应当做到以下

两点:

(1)把好人员入口关,采取措施不断提高人员综合素质。将职业道德修养和专业胜任能力作为选拔和任用员工的重要标准,切实加强员工业务培训和继续教育,不断提升员工的素质。为内部控制关键岗位配备的工作人员应当具备与其工作岗位相适应的资格和能力。

(2)实行内部控制关键岗位工作人员的轮岗制度,明确轮岗周期。不具备轮岗条件的单位应当采取专项审计等控制措施。

4.单位文化

单位文化是单位在存续的过程中形成的共同思想、作风、价值观念和行为准则。单位应当加强文化建设,由领导带头,积极营造遵纪守法、诚实守信、爱岗敬业、团结协作、奋发向上的文化。

5.财务体系

财务体系是指财务机构、会计人员和财务会计工作的有机结合。单位应当采取有效措施完善财务体系。

(1)建立健全财务部门。单位应当根据《中华人民共和国会计法》的规定建立会计机构,配备具有相应资格和能力的会计人员。单位应当保障财务部门的人员编制,以便财务部门能够实施必要的不相容岗位分离和轮岗。

(2)理顺财务管理体制,适当采用财务集中管理。按照事权和财权匹配的原则,理顺财务管理体制;对于规模比较小或者财务管理比较混乱的单位,上级单位可以考虑收回其财务管理权,只在这些单位设立报账点;规模比较大的单位应尽量实施财务集中管理,确保全单位财务管理政策统一、会计核算集中。

(3)完善财务管理制度。除了上级部门有比较完善的内部管理制度并可以遵照实施外,单位应当制定完善各项财务管理制度,如制定财务管理办法、经费支出标准、差旅费报销管理办法、会议费报销管理办法、库存现金管理办法、采购管理办法等内部管理制度。

(4)依法依规开展会计工作。单位应当根据实际发生的经济业务事项,按照国家统一的会计制度及时进行账务处理、编制财务会计报告,确保财务信息真实、完整。

6. 信息技术运用

单位应当积极推进信息化建设，对信息系统建设实施归口管理，在日常办公、财务管理、资产管理等领域，尽快实施信息化。单位在实施办公自动化、经济活动管理信息化系统的过程中，应当将经济活动及其内部控制的流程和措施嵌入单位信息系统中，减少或消除人为操纵的因素，保护信息安全。

（二）业务层面内部控制

行政事业单位业务层面内部控制主要包括预算业务控制、收支业务控制、政府采购业务控制、资产控制、建设项目控制和合同控制，这些业务涵盖了行政事业单位主要的经济活动内容。

六、我国行政事业单位内部控制报告编报

为贯彻落实党的十八届四中全会通过的《中共中央关于全面推进依法治国若干重大问题的决定》关于"对财政资金分配使用、国有资产监管、政府投资、政府采购、公共资源转让、公共工程建设等权力集中的部门和岗位实行分事行权、分岗设权、分级授权，定期轮岗，强化内部流程控制，防止权力滥用"的决策部署（第70项重要改革举措），财政部作为牵头单位之一，按照"以评促建"的工作思路，以"钉钉子"精神积极扎实推进全国各级各类行政事业单位于2016年底前建成并有效实施内部控制，建立了单位内部控制建设年度报告制度，纳入单位决算报告体系。目前，组织开展单位内部控制报告编报工作已成为各级行政事业单位的一项常规工作。

第三节 我国行政事业单位内部控制现状

一、我国行政事业单位内部控制建设成效

近年来，我国为适应建立公共财政体制框架体系的要求，建立健全行政事业单位内部控制体系，逐步实施了政府采购、部门预算、财政直接支付工资、会计集中核算试点、国库集中收付等一系列财政支出改革，有效地解决了当前支出管理中存在的一些问题，取得了一定的成效。

（一）工作格局初步形成

1.内部控制制度体系基本建立

财政部初步搭建了包括《行政事业单位内部控制规范（试行）》《财政部关于全面推进行政事业单位内部控制建设的指导意见》《行政事业单位内部控制报告管理制度（试行）》等制度在内的"四梁八柱"单位内部控制制度体系。

2.全面覆盖五级政府部门

纳入预算管理的五级政府部门均完成了内部控制建设部署工作，内部控制建设已覆盖到了从中央到乡镇的全部层级政府部门。

3.全面覆盖九类行政事业单位

全国九类不同性质的行政事业单位均开展了内部控制建设，包括党的机关、人大机关、行政机关、政协机关、审判机关、检察机关、各民主党派机关、人民团体和事业单位。

4.全面覆盖六大业务

各级行政事业单位的内部控制管控领域基本覆盖了单位层面和业务层面，部分单位还在《内部控制规范》要求的基础上，突出行业、部门特色，拓展了内部控制管控的业务范围。

（二）工作机制基本确立

1.主要负责人亲自抓

各级行政事业单位均建立了由主要负责人担任组长、领导班子成员作为成员参与的内部控制建设工作领导机制。单位内部控制建设在主持制定工作方案、明确工作分工、配备工作人员、健全工作机制、充分利用信息化手段等方面较好体现了领导责任承担落实情况。

2.明确主体责任

各级行政事业单位均建立了由财务部门或行政管理部门作为内部控制牵头部门、纪检部门或审计部门作为内部控制监督部门的内部控制工作机制。

3.建立健全制度体系

各级行政事业单位均依据《内部控制规范》，结合单位实际，建立健全了本单位内部控制制度体系和内部控制责任机制。

（三）制度体系初步建立

各级行政事业单位对重大风险领域完成了流程再造，通过管理流程再造，各单位风险防范能力明显增强,建立了六大业务内部控制制度体系。

(四)权力制约要求基本落实

各级行政事业单位综合运用内部控制措施,以有效落实"分事行权、分岗设权、分级授权,定期轮岗"(即"三分一轮")要求为重点,切实规范内部权力运行。

二、我国行政事业单位内部控制存在的问题

虽然我国行政事业单位内部控制建设取得了一定的成效,但是仍存在内部控制建设全员参与度不高、内部权力制约机制有待强化、管控程度有待提高、内部控制信息化建设有待持续加强、内部控制专业人才储备相对不足等问题。具体表现有以下几个方面:

(一)内部控制意识不强

良好的内部控制意识是确保单位内部控制制度得以健全和实施的重要保证。然而,一些单位领导班子对内部控制建设的重要性认识不够、意识不强,缺乏全面内部控制的意识,导致全员参与度不高,制度落实执行不力等情况。

(二)内部控制建设不健全

健全的内控制度建设应做到各岗位责权明确,使每个人的行为都有理有据、有法可依,并形成较好的岗位牵制效应,使各岗位协同合作。大部分单位虽然制定了一系列内部控制制度,但对制度的执行及效果缺乏必要的监督和评估,未能严格执行,导致有章不循、违章不究,内部控制制度未能发挥应有的作用,内部权力制约机制有待强化。

(三)管理控制程度较弱

1. 预算管理控制有待提高

我国行政事业单位部门预算采用零基预算方法进行编制,不考虑过去的预算项目和收支水平,以零为基点编制的预算,不受以往预算安排情况的影响,一切从实际需要出发,逐项审议预算年度内各项费用的内容及其开支标准,结合财力状况,在综合平衡的基础上编制预算。部门预算批复后,农业科研院所受农作物季节性、自然灾害等因素的影响加大,预算调整较为频繁,预算的计划性、科学性不强,部分项目经费未按预算批复范围和数额执行,削弱

了预算的约束控制力。

2.资产管理控制有待提高

行政事业单位实行新增资产配置预算和通用设备及办公家具标准管控后,资产购置得到了一定程度的控制,但在使用过程中仍缺乏有效的管控约束。例如,近些年国家对农业科研的资金投入不断增加,农业科研院所需要采购大量的仪器设备、实验耗材、肥料等,而对其使用管理已成为农业科研院所资产管理薄弱的环节,仪器设备使用率不高、大宗物资使用监管不到位等现象较为普遍。

(四)内部控制信息化建设不足

一是当前行政事业单位内部控制信息化建设普遍存在办公信息系统与业务系统两者脱节的情况,无法将业务工作流程嵌入办公信息系统,没有意识到内控制度信息化建设的严肃性。

二是内部控制信息化资源整合局限,在单位办公信息系统的设计和建设时没有将单位内部控制要求和控制流程紧密结合,从而实现整个系统的最优化的效果,真正做到集约高效的信息化监督控制。

三是单位领导班子对内部控制信息化建设了解不够充分和深入,固化的信息化办公思维限制了内部控制信息化的建设,导致部分单位未能结合单位实际情况和新形势下的管理要求改进管理模式,阻碍了内部控制信息化建设不断优化。

(五)人才队伍综合素质不高

人是行政事业单位的内部控制工作的执行者,其综合素质的高低直接影响内部控制信息化水平的高低。目前,受多方面因素的影响,我国行政事业单位大部分工作人员在高新信息化技术的研究、开发和运用的能力及适应性较差,有甚者年龄较大的职工对信息化技术存在抵触情绪,这直接影响了单位内部控制与业务活动融为一体的信息化体系建设。

三、进一步推进内控建设的建议

进一步推进内控建设,必须从落实全面从严治党和优化国家治理能力的政治高度认识内部控制工作,抓好制度完善和制度实施等一系列重点工作,推动内部控制工作从"立规矩"向"见成效"转变,努力形成工作齐抓共管、制度有效管用、执行真正到位的内部控制工作新局面。

(一)推动行政事业单位内部控制建设向纵深发展

下一步,内部控制工作目标应当从"立规矩"向"见成效"转变、从面上推进向重点突破转变。各级财政部门应当深入了解各行业的内部控制建设实际情况,加强宣传引导,组织各类内部控制专题培训与内部座谈,积极总结推广内部控制建设先进典型经验,全面推动各级各类行政事业单位加强内部控制体系建设。各级财政部门要建立内部控制工作考评问责制度,对于锐意进取、勇于作为的单位进行表扬,增强内部控制主体的责任意识,并且从严监管,切实落实各主体的内部控制建设与报告责任。

(二)切实加强单位风险防范和化解能力

1.强化单位风险防控意识,推进管理信息平台建设

各单位应当坚持问题导向,进一步增强单位领导的风险意识,增加内部控制领导小组会议次数,及时汇报内部控制工作进度,探讨业务管理和内部控制工作开展进程中出现的风险与问题,把风险防控和具体内部控制工作落到实处。尤其要加强内部控制信息化建设的重视程度,未建立信息系统的单位应积极寻求信息系统的安装、匹配等工作,建立科学有效的信息系统;已建立信息系统的单位应在每年中央政策和上级管理要求变化时,及时对信息系统进行更新改造,确保单位信息系统与党的决策部署、政府工作规划、单位工作方案一致,逐步拓展内部控制信息系统功能,持续推进内部控制建设和优化工作。

2.加强内部控制组织保障,夯实内部控制工作基础

加强单位内部控制工作小组日常管理,将内部控制建设与业务管理优化紧密融合,不断推进内部控制建设常态化。有效提高单位内部控制牵头部门和内部控制评价监督部门分离程度,科学引入第三方中介机构对内部控制建设和评价工作的专业支持,从外部加强单位的社会治理和权力制衡机制。提高单位开展风险评估的有效性,建立风险预警全覆盖的工作机制。在内部监督检查、经济责任审计工作中,通过调查问卷、观察、谈话和评估测试等方式,对内部控制有效性进行总体评价。

3.完善干部轮岗交流机制,加强内部权力制衡监督

各单位应当突出对关键环节、关键岗位的制衡,通过压缩和规范自由裁量权,强化对核心权力运行的制约和监督,有效解决权力运行关键环节中存在的问题。重点加强完善干部定期轮岗和交流机制,强化执行效果,尤其在人员数量与职责分工限制下,对不相容职责无法分离或无法进行定期轮岗的关键岗位开展专项审计,完善单位内部审计职能或建立内审外包制度,并逐渐将内部审计和外部中介机构职能拓展应用到内部控制体系设计、内部控制体系运行、内部控制信息化建设以及内部控制报告等各方面,形成对内部控制建设的有益补充,进而保证实现内部权力的有效制衡。

4.健全内部控制制度体系,建立单位风险防控机制

各单位应当积极防范和有效化解业务风险与廉政风险。单位应当对内部工作运行流程进行系统梳理,开展单位业务流程图编制工作,明确主要环节和关键控制点,并对应各环节、各节点的归口部门及岗位,落实内部控制责任,实现内部控制制度流程化。单位应当全面识别权力运行、业务活动和经济活动的关键风险点,检查关键风险点的制度设计和制度执行是否有效,明确针对各风险点的管控措施,进一步提高内部控制制度的风险覆盖程度和风险防控效率,将风险识别、分析、应对等工作落实到具体岗位和责任人,切实提高内部控制制度对风险防范的保障程度,突出对巡视、审计问题的内部控制整改。

(三)强化财政财务管理一体化水平

1.强化预算管理制度,健全预算绩效管理

各单位应当突出对预算编制和执行的权力制约,在《中共中央国务院关于全面实施预算绩效管理的意见》的指导下,健全预算绩效流程并完善预算绩效标准,构建预算绩效目标的各项管理措施,及时掌握项目实施进程和资金支出进度,发现并纠正项目绩效偏差,将绩效管理整合到预算管理的全过程;单位应将预算指标细化到功能分类科目和经济分类科目,并批复到各个内设部门和下属单位,积极推进预算责任岗位化和流程化,严格执行预算执行分析和报告制度,进行实时监控;单位还应建立科学合理的绩效评价体系,积极落实预算绩效目标管理和预算过程管理的相关要求。

2.加强采购归口控制,规范采购合同订立

各单位应建立采购需求部门与采购归口管理部门的沟通协调机制,提高采购预算编制的准确性,重点审查预算编制是否合理。同时,进一步规范政府集中采购工作流程,建立健全单位内部自行采购制度,加强政府采购资金全程管理,对财政资金使用情况定期进行专项检查,努力提高财政资金使用效益。单位还应当大力规范合同订立流程,完善合同订立的相关内部规定,并积极对合同签订进行合法性审查,保障政府部门与市场、社会的权利义务相互匹配。

3.严格资产处置审查,优化资产全程管理

各单位应加强国有资产处置流程管控,明确相关负责人职责,查找资产处置不合规原因,并派专人进行资产处置审查,加强国有资产安全监督,从源头上切实保护国有资产安全,防止国有资产流失。同时,单位应积极梳理资产存量和配置管理流程,编制资产配置预算管理业务流程图,提高配置预算编制和执行的准确性,逐步落实对国有资产从入口到出口的全程管理要求。

4.规范基建工程管控,完善项目概算编制

各单位应当在中央八项规定严格要求下,认真制定并严格执行建设项目管理制度,加强对大型重点基本建设项目的论证与审批,从源头上保证资金使用效益,遏制低效,尤其是违规建设行为。同时,单位要强化现有项目预算资金使用效率,严格按照规定执行和使用投资预算项目资金,加强项目过程管理,严格控制成本,减少低效无效支出。单位还要进一步提高对项目概预算编制的重视程度,科学有序地编制工程项目概预算。

(四)提高社会中介机构专业服务水平

各中介机构应当深入学习党的十九大精神,提高政治站位,深入解读党中央的各项政策,加强对单位内部控制建设标准的认识与理解程度,持续跟踪并解构财经法规,立足中国国情和实际问题,协助单位完善适合我国行政管理体制的内部控制制度。中介机构在承接与内部控制相关的业务时,应提高服务意识,协助解决各单位内部控制建设中遇到的各类问题,不断总结工作经验,为单位提供更优质的内部控制建设咨询服务。

第四节　农业科研院所实施内部控制的意义

农业科研院所是一个专业性很强的组织机构,不同于企业,它最终的产出目标是科技成果。农业科研院所的活动主要为科研活动,具有探索性、创新性、延续性等特殊性,资金来源主要包括财政拨款和非财政拨款。农业科研院所的特殊性和经费保障体系使得其经济活动主要以"保运转和保重点为主",具有公益性特征,难以套用企业经济管理模式进行管控。同时,随着我国行政事业单位内部控制建设不断加强和完善,以及科研财政资金投入持续加大,国家的监督和管理日益趋严,部分农业科研院所的管理制度滞后,尤其是单位内部控制建设不健全,已经不适应新形势下管理要求,影响到科研机构的资金使用效益和效果,农业科研院所实施内部控制对于农业科研院所总体目标的实现意义重大。

一、规范财经秩序管理

在农业科研院所进行内部控制过程中,可通过信息化途径将财务管理、资产管理和预算管理整合到统一的平台中,从而规范对农业科研院所财务方面的控制,确保能够将财务报告信息、财务记录及时、完整地进行传递或记录。与此同时,财经管理还需通过明确职责、清晰流程、完善制度等方式,来加强对单位的监督,大力提高内部管理与控制,从而促进财经管理的规范化和科学化。通过建立内部控制,保障了农业科研院所的高效运行,也促进了财务信息实现及时性、可靠性、完整性。通过实施内部控制规范,让财经管理更加科学规范,进一步提高了财政资金利用率及财经管理水平。

二、降低经济活动风险

农业科研院所在日常运营过程中会存在一定的漏洞,让企业面临较大的风险,虽然进行内部控制规范可以对经济风险加以控制,但是需要实施较为严格的管理控制才能够产生效果。且内部控制通常是以风险控制为导向,因此农业科研院所通常采用大力实施内部控制规范来防止漏洞出现,防范重大经济活动的风险,从而降低农业科研院所的经济活动风险,促进执行程序与单位制度朝规范化发展,提高农业科研院所对管理风险和财务风险的抵抗力。

三、提高单位管理水平

农业科研院所是公共服务的提供者,代表国家履行相关职能,对经济社会发展起着十分重要的作用。然而,社会职能履行的前提是要有较高的管理水平。当前我国农业科研院所的管理水平相对较低,缺乏内部控制观念。内部控制不仅是农业科研院所的一项重要管理方式,还是一项重要的制度安排,是农业科研院所实行管理工作的基础。因此,农业科研院所可以通过加强内部控制来提高单位管理水平,从而促进管理规范化。要针对管理中的薄弱环节进行强化建设,制定内控规范。掌握了这个科学管理办法,就是掌握了提高农业科研院所管理水平的窍门,对提高社会公共服务的质量和财政资金的使用起到积极有效的作用。

农业科研院所建立健全内部控制管理,提高单位整体的综合管理能力,做到合理保证单位经济活动合法合规、资产安全和使用有效、财务信息真实完整,对有效防范舞弊和预防腐败、提高公共服务的效率和效果、促进农业科技创新和可持续发展尤为重要。

第二章　农业科研院所内部控制规范实施的程序和要求

第一节　内部控制规范实施的程序和要求

《内部控制规范》第七条规定:"单位应当根据本规范建立适合本单位实际情况的内部控制体系,并组织实施。具体工作包括梳理单位各类经济活动的业务流程,明确业务环节,系统分析经济活动风险,确定风险点,选择风险应对策略,在此基础上根据国家有关规定建立健全单位各项内部管理制度并督促相关工作人员认真执行。"

根据财政部《关于全面推进行政事业单位内部控制建设的指导意见》(财会〔2015〕24 号),"要建立公平、公开、公正的市场竞争和激励机制,鼓励社会第三方参与单位内部控制建设和发挥外部监督作用,形成单位内部控制建设的合力"。单位内部控制建设可由单位自建,也可委托有专业技术能力的中介机构协助建设。但是,从时效性、经济性角度来考虑,农业科研院所多数选择由单位自建。

根据《内部控制规范》要求,内部控制建设需要经过建立单位内控实施的组织机构,制订详细的内部控制实施工作方案,组织开展宣传培训工作,开展摸底调查、访谈和专业分析,对管理业务流程进行系统梳理或再造,开展风险评估,制定《单位内部控制规程》,开展内部控制监督与评价,做好内部控制运行维护等一系列程序。

一、建立单位内控实施的组织机构

(一)成立单位内部控制规范体系建设领导小组

1. 根据内部控制规范,单位负责人应当对本单位内部控制的建立健全和有效实施负责。因此,单位内部控制建设领导小组应当由单位负责人担任组长,党政班子成员担任副组长,相关管理职能部门领导为成员。单位内部控制建设领导小组是单位内控体系建设的最高权力机构,全面负责单位内部控制规范体系建设工作的组织与实施。其职责主要包括:批准单位内部控制规范实施工作方案、带头学习内控知识、牵头组织并积极参与内控培训、审批业务流程梳理结果、确定风险及管控措施、审批《单位内部控制规程》和《单位自我评价制度》、审批自我评价报告和整改报告等。

2. 单位内部控制建设领导小组要建立健全议事决策制度和规则

(1)根据国家有关规定和本单位实际情况,确定"三重一大"事项具体范围及额度。

(2)建立健全集体研究、专家论证和技术咨询相结合的单位议事决策机制,单位领导班子集体决策应当坚持民主集中原则,单位经济活动的决策、执行和监督应当相互分离,防范"一言堂"或"一支笔"造成的决策风险和腐败风险。

(3)做好决策纪要的记录、流转和保存工作。

(4)加强对决策执行的追踪问责。

3. 成立单位内部控制规范体系建设工作小组

在领导小组下成立工作小组,其职责是组织单位各类经济业务活动内部控制规程的制订、实施。工作小组一般设置在牵头部门。

(二)明确单位内部控制规范牵头部门

单独设置内部控制职能部门(以下简称"内控部门")或确定负责内部控制建设和实施工作的牵头部门(以下简称"牵头部门")。一般牵头部门由各单位主管财务工作的部门担当,如中央单位的机关事务管理局、办公厅或者计划财务部,地方政府部门、学校、医院、行政事业单位的财务处等。

内控部门或者牵头部门的主要职责包括:负责组织协调单位内部控制日

常工作;研究提出单位内部控制体系建设工作方案或规划;研究提出单位内部跨部门的重大决策、重大风险、重大事件和重要业务流程的内部控制工作;组织协调单位内部跨部门的重大风险评估工作;研究提出风险管理策略和跨部门的重大风险管理解决方案,并负责方案的组织实施和对风险的日常监控;组织协调相关部门或岗位落实内部控制的整改计划和措施;组织协调单位内部控制的其他有关工作。内控部门或者牵头部门在开展内部控制相关工作过程中,应当充分发挥财务、内部审计、纪检监察、政府采购、基建、资产管理等部门或岗位的作用。

明确单位内部控制规范实施机构。实施机构应当包括财务、内部审计、纪检监察、政府采购、基建、资产管理、人事、办公室等部门,具体负责制定单位内部控制规范实施工作方案、组织内部控制学习和培训、组织对各项管理和业务流程进行梳理或流程再造,对流程准确描述、查找风险点,编制风险清单、评估风险发生概率和风险等级、制订风险应对策略及管控措施、编制《单位内部控制规程》和《单位自我评价制度》等。

(三)明确内部控制评价与监督部门

单位应当建立自我评价机制,明确自我评价组织实施方案、人员组成和素质要求,确定自我评价程序、评价标准及各项指标、评价时间,规定自我评价报告报送程序、领导班子审批议程、反馈整改、考核处理等要求。

单位领导小组应当指定除内部控制规范实施牵头部门以外的部门组成自我评价工作小组,独立实施自我评价工作,即内部控制实施工作与自我评价工作相互分离。适合开展自我评价的牵头部门主要包括:内部审计部门、纪检监察部门、人事部门、综合办公室等。内部控制自我评价必须保证每年至少进行一次。

单位评价小组应当制定年度自我评价工作方案,报请单位领导小组批准。评价小组应当参照《单位内部控制规程》规定的内容和要求,开展针对本部门职责范围内的内部控制自我检查评价工作,选择适当的评价方法进行必要的测试,获取充分、相关、可靠的证据对内部控制的有效性进行评价,并做出书面记录,确认管控缺陷和不足。评价小组成员负责执行本部门的评价工作,如实记录和反映检查评价过程、编制工作底稿、自我评价报告和管理优化或改进实施方案,综合判断单位整体控制的有效性,并编制单位内部控制评价报告,提交单位领导小组审议。

二、制订详细的内部控制实施工作方案

内部控制牵头部门应当根据本部门单位实际情况制订详细的、具有可操作性的实施工作方案。内部控制实施工作方案要做到"横向到边，纵向到底"，不留死角和盲区。内部控制实施工作方案主要包括：控制目标、实施范围、实施原则、工作任务、基本要求、组织方式和职责、工作准备、流程梳理或流程再造、风险评估、制度完善要求、制定内部控制规程内容和要求等。实施方案应当报单位领导小组批准，形成书面决议，并组织实施。

根据单位领导小组的决议，单位应当制定下发内部文件，公布《单位内部控制规范实施工作方案》，正式启动单位内部控制体系建设工作。内部文件应当传达到单位每个部门、每位员工，组织全体人员认真学习，深刻理解开展内部控制体系建设的重要意义。

三、组织开展宣传培训工作

（一）充分利用单位内部各种资源开展内部控制规范宣传活动

例如，利用内部网站、简报、标语、口号、微信公众号等，营造内部控制实施氛围，产生积极影响，力争做到单位人人知道内部控制体系建设工作。

（二）认真组织内部不同层次的内部控制规范培训，落实到每个部门每位员工

针对不同层次不同业务的人员，采取不同的方式方法进行内部控制规范培训。单位领导班子应当通过外部培训、内控案例剖析等方式，主要了解单位内部控制规范的重要意义，提高内部控制风险防范意识，为单位重大事项决策等提供内部控制风险防范意识。内部控制规范实施机构成员可定期或者不定期通过外部参加培训或者内部组织业务学习进行内部控制规范培训；其主要学习内部控制规范的理论、原则、控制的基本方法、风险评估程序、风险管控措施、自我评价要求等。单位非内部控制管理部门及其他人可通过内控案例小故事，了解自己在内部控制规范中的作用、控制的基本方法、流程梳理及风险查找方法等。内控规范培训应当灵活多样，细致深入，注重实效。为检验内部

控制学习效果,培训结束后可以做简单的抽查。

(三)通过专业机构培养单位需要的内部控制规范实施人才

内部控制管理具有极强的专业性,而且此项工作是长期而艰巨的,因此单位领导小组应当选拔能够胜任内部控制规范工作的管理人员,通过专业机构进行定向培养,提前做好内部控制管理人才的储备工作。

四、开展摸底调查、访谈和专业分析

(一)开展单位全员摸底调查

在全员培训的基础上,组织或者外部聘请专业人员设计单位内部控制调查问卷,调查问卷主要包括控制环境、风险评估、控制活动、信息与沟通、评价与监督五个部分内容。调查问卷应当要求单位全体员工逐人填写并全部回收。组织专业人员对调查问卷进行汇总,逐项进行专业的内容分析。

(二)开展内部控制规范访谈调研

内部控制规范实施机构应当安排或聘请专业人员对单位党政班子成员、各主要部门负责人和重要工作岗位人员开展专题访谈调研工作,全面了解单位"一把手"和领导班子成员对内部控制管理的设想、对单位管理现状的分析、对管控措施的希望和建议。同时,应安排专业人员对获得的访谈记录进行分析,协助查找单位内部的管理风险和薄弱环节。

(三)内部控制摸底调查与访谈分析结果运用

内部控制规范实施机构应当根据调查问卷分析和访谈记录分析,认真研究查找单位内控管理存在的风险问题,针对相关风险问题提出合理的风险应对方法或者措施,同时确定内部控制规范实施的工作重点并提出建议,报单位领导小组批准后实施。

五、对管理业务流程进行系统梳理或再造

(一)对现有流程进行全方位梳理

内部控制工作小组应当与单位各部门密切配合,对现有管理流程和业务流程进行细致描述,业务流程描述应当直白、准确、清晰,要充分反映现有流程的实际情况。

（二）对必须调整的工作流程进行再造

在对流程进行全方位梳理的基础上，根据本单位内部控制管理的实际需要，对必须调整的工作流程进行再造，以达到"合理保证单位经济活动合法合规，资产安全和使用有效，财务信息真实完整，有效防范舞弊和预防腐败，提高公共服务的效率和效果"的控制目标。

（三）对单位层面的各项管理流程和预算业务、收支业务、政府采购业务、资产管理、建设项目管理、合同管理等经济活动的各项业务流程进行梳理

梳理过程中，对各项业务进行调研和访谈，既包括业务层面的组织机构设置，还包括业务层面本身的各项业务流程，对各项业务特点进行总结和归纳，明确各项业务的目标、范围和内容。梳理工作中应当秉持"以预算管理为主线，以资金管理为中心"的原则，主要做好以下工作：

1. 逐项研究确认，描绘出各种管理和业务流程的流程图；

2. 对流程图进行详细的文字描述和说明；

3. 梳理管理和业务流程中存在的风险（风险通常是指潜在事项的发生对目标实现产生的影响），根据单位业务特点逐项查找风险点，编制各业务流程的风险点明细清单；

4. 对列示出的风险点明细清单进行风险识别，最终确认各流程中的风险点；

5. 按照业务实现的时间和逻辑顺序，将各个业务中的决策机制、执行机制和监督机制融入业务流程中的每个环节，细化业务流程中的各个环节的部门和岗位设置，明确其职责范围和分工，确定管理流程和业务流程优化方案，报内部控制领导小组批准，形成决议。

六、开展风险评估

从单位各个管理和业务所面临的内外部环境入手，研究环境对单位内部控制的负面作用，运用多种手段进行风险的定性和定量评估（能够量化风险，尽可能做好量化工作）。对已经识别确认的风险要进行风险分析和风险排查，确定风险等级。单位在进行风险评估时，既要注意单位层面的风险评估，也要注意经济活动业务层面的风险评估。

（一）在单位层面风险评估应当重点关注的事项

1. 内部控制工作的组织情况。包括是否确定内部控制部门或牵头部门；

是否建立单位各部门在内部控制中的沟通协调和联动机制。

2.内部控制机制的建设情况。包括经济活动的决策、执行、监督是否实现有效分离;权责是否对等;是否建立健全议事决策机制、岗位责任制、内部监督等机制。

3.内部管理制度的完善情况。包括内部管理制度是否健全;执行是否有效。

4.内部控制关键岗位工作人员的管理情况。包括是否建立工作人员的培训、评价、轮岗等机制;工作人员是否具备相应的资格和能力。

5.财务信息的编报情况。包括是否按照国家统一的会计制度对经济业务事项进行账务处理;是否按照国家统一的会计制度编制财务会计报告。

6.其他情况。

(二)在单位经济活动业务层面风险评估应当重点关注的事项

1.预算管理情况。包括在预算编制过程中单位内部各部门间沟通协调是否充分,预算编制与资产配置是否相结合、与具体工作是否相对应;是否按照预算批复数和开支范围执行预算,进度是否合理,是否存在无预算、超预算支出等问题;决算编报是否真实、完整、准确、及时。

2.收支管理情况。包括收入是否实现归口管理,是否按照规定及时向财会部门提供收入的有关凭据,是否按照规定保管和使用印章和票据等;发生支出事项时,是否按照规定审核各类凭据的真实性、合法性,是否存在使用虚假票据套取资金的情形。

3.政府采购管理情况。包括是否按照预算和计划组织政府采购业务;是否按照规定组织政府采购活动和执行验收程序;是否按照规定保存政府采购业务相关档案。

4.资产管理情况。包括是否实现资产归口管理并明确使用主体;是否定期对资产进行清查盘点,对账实不符的情况及时进行处理;是否按照规定处置资产。

5.建设项目管理情况。包括是否按照概算投资;是否严格履行审核审批程序;是否建立有效的招投标控制机制;是否存在截留、挤占、挪用、套取建设项目资金的情形;是否按照规定保存建设项目相关档案并及时办理移交手续。

6.合同管理情况。包括是否实现合同归口管理;是否明确应签订合同的经济活动范围和条件;是否有效监控合同履行情况;是否建立合同纠纷协调机制。

7.其他方面。例如,科研项目管理是农业科研院所重要的一项工作,主要关注项目申报、评审、实施、验收、评价等各环节是否归口管理,是否存在超预算、无预算执行的情形,是否存在截留、挤占、挪用、套取科研项目资金的情况,是否存在不能按时完成项目任务的情形,是否存在不能验收的情形,是否存在科研项目档案不完整的情形,是否存在绩效评价不达标的情形。

(三)单位进行风险评估时,具体可以从风险识别、风险分析、风险应对策略、制定风险管控流程四个步骤开展工作

1.风险识别是对单位面临的各种不确定因素进行梳理、汇总,形成风险点清单。

2.风险分析是指在风险识别的基础上,进一步分析风险发生的可能性和对单位目标实现的影响程度,以便为制订风险应对策略、选择应对措施提供依据。风险分析具体包括风险类别和风险等级,目的是对识别的风险进行排序,以确定内部控制需要重点关注和优先控制的风险点。下面具体分析这两项内容:

(1)风险类别:

风险类别主要包括:

①工作任务风险。包括考虑因素不够周全,计划安排不够科学,工作启动不够及时,内容衔接不够紧密,执行程序不够规范,审核把关不够严格,完成数量和标准不符合目标要求等。

②纪律制度风险。包括违反中央八项规定精神,违反党的纪律,违反工作纪律,违反财经纪律,违反国家法律等。

③安全保密风险。包括人身安全和财产损失事故,过失或故意泄密等。

④公共关系风险。包括影响与其他部门单位的合作关系,造成不良社会影响,损害国家利益等。

⑤外部风险。包括其他部门单位人员行为影响、信息系统运行和使用影响、自然环境影响、各种突发事件等。

（2）风险等级。

风险等级分为重大和一般两级,由单位根据实际情况和有关管理制度规定进行风险定级。情节较重、影响范围和程度较大的为重大风险;情节较轻、影响范围和程度较小的为一般风险。需要按照情节轻重、影响范围和程度确定重大或一般风险的,应当标注为据实核定。

3.风险应对策略就是对已经识别的风险进行定性、定量分析和进行风险排查,确定风险等级,制定相应的应对措施和整体策略。风险应对策略主要包括风险规避、风险降低、风险分担、风险承担等,具体要求如下:

（1）风险规避。风险规避是单位对超出风险承受度的风险,通过放弃或者停止与该风险相关的业务活动以避免和减轻损失的策略。

（2）风险降低。风险降低是单位在权衡成本效益之后,准备采取适当的控制措施降低风险或者减轻损失,将风险控制在风险承受度之内的策略。

（3）风险分担。风险分担是单位借助他人力量,采取业务分包、购买保险等方式和适当的控制措施,将风险控制在风险承受度之内的策略。

（4）风险承担。风险承担是单位对风险承受度之内的风险,在权衡成本效益之后,不准备财务控制措施降低风险或者减轻损失的策略。

4.制定风险管控流程。一般情况下,每个流程应当由流程图、流程业务环节描述、风险点、风险应对策略四个部分组成。

七、制定《单位内部控制规程》

（一）编制《单位内部控制规程》

根据确定的风险点、风险等级和风险应对策略,组织相关人员修改完善工作流程和经济业务流程,提出风险管控措施,固化信息系统和流程,编制《单位内部控制规程》,并报内控领导小组审核批准。

（二）试运行《单位内部控制规程》

《单位内部控制规程》应当明确各个部门、岗位和相关人员的分工和责任,设立相应部门和岗位对内部控制管理制度的执行效果进行监督和奖惩,形成完善的内部控制执行机制,认真开展试运行。试运行期间要及时进行风险测试,反馈执行中的问题,牵头部门要及时研究,提出应对措施,修改完善《单位内部控制规程》。试运行时间一般为半年,最长不超过一年。

(三)《单位内部控制规程》的结构

《单位内部控制规程》根据《农业部办公厅关于全面推进行政事业单位内部控制建设有关事项的通知》(农办财〔2016〕5号)要求,《单位内部控制规程》一般包括以下基本格式:总则、内部控制机制建设、各类业务内部控制、监督检查和自我评价措施、附则等。

1.总则。

应当至少包括以下内容:

(1)内部控制依据。包括《财政部关于全面推进行政事业单位内部控制建设的指导意见》(财会〔2015〕24号),《行政事业单位内部控制规范(试行)》(财会〔2012〕21号),农业农村部有关工作要求,本单位业务性质、业务范围、管理架构等。

(2)内部控制含义。指通过界定岗位职责、细化业务流程、制定和实施风险应对措施,对本单位经济和业务活动的风险进行防范和管控,以实现控制目标的过程。

(3)内部控制目标。包括保证单位经济和业务活动合法合规、资产安全和使用有效、财务信息真实完整,有效防范舞弊和预防腐败,提高公共服务的效率和效果。

(4)内部控制原则。包括全面性原则、重要性原则、制衡性原则、适应性原则、有效性原则。内部控制应当保障单位内部权力规范有序、科学高效运行,实现单位内部控制目标。

(5)内部控制组织实施。应当在单位主要负责人直接领导下建立和实施内部控制。成立由单位主要负责人担任组长的内部控制建设工作领导小组,并确定牵头部门,负责组织协调内部控制工作,同时充分发挥财务、纪检监察、内部审计、政府采购、基本建设、资产管理等部门或岗位在内部控制中的作用。

2.内部控制机制建设。

至少应包括以下内容:

(1)本单位主要职责、部门机构设置等。

(2)本单位议事决策机制和内部监督机制。应当符合"分事行权"要求,对决策、执行和监督,明确分工、相互分离、分别行权,防止职责混淆、权限交叉。

（3）本单位岗位责任制。应当符合"分岗设权"要求，对各工作岗位，依职定岗、分岗定权、权责明确，防止岗位职责不清、设权界限混乱。

（4）本单位内部管理层级权限。应当符合"分级授权"要求，对各管理层级和各工作岗位，依法依规分别授权，明确授权范围、授权对象、授权期限、授权与行权责任，一般授权与特殊授权界限，防止授权不当、越权办事。

（5）本单位岗位人员管理。应当符合"定期轮岗"要求，对重点领域和关键岗位，明确相应的资格条件，建立岗位培训和岗位能力评价机制，明确轮岗范围、轮岗条件、轮岗周期、交接流程、责任追溯等要求，建立干部交流和定期轮岗制度，不具备轮岗条件的单位应当采用专项审计等控制措施。对轮岗后发现原工作岗位存在失职或违法违纪行为的，按照国家有关规定追责。

3. 各类业务内部控制。

明确纳入单位内部控制规程经济和业务活动的基本范围，以及每类业务岗位设置、岗位职责、业务流程图、环节描述、风险点、风险应对策略等。

查找出可能存在的各种风险并作具体描述，确定风险等级和责任主体：责任主体由单位根据业务流程和有关管理制度规定，至少确定到部门。

制定对风险点及可能引发风险事件进行防范和管控的主要措施。对于比较复杂的业务，应当结合本单位实际情况和有关管理制度规定，细化为有关具体业务，并按具体业务列示业务流程和风险防控。

4. 监督检查和自我评价措施。

应当根据《内部控制规范》（评价与监督）等要求，结合本单位实际情况，确定监督检查和自我评价的具体措施。监督检查和自我评价应当与内部控制的建立和实施保持相对独立。

监督检查指检查内部控制实施过程中存在的突出问题、管理漏洞和薄弱环节，包括日常监督和专项监督。应当确定内部监督检查的方法、范围和频率。

自我评价指对内部控制的全面性、重要性、制衡性、适应性和有效性进行自我评价，应当至少每年开展一次，并出具报告。自我评价情况应当作为部门决算报告和财务报告的重要组成内容进行报告。

5. 附则。

应当明确本单位内部控制规程的解释部门，明确本单位内部控制规程的开始执行日期。

"基本格式"未列示的章节条目,各单位可以根据工作需要适当增加。

八、开展内部控制监督与评价

单位应当以《单位内部控制规程》和内部控制管理制度体系作为内部控制运行的指导性的政策管理文件依据,建立健全内部控制运行管理机制和评价机制。定期或者不定期开展年度内部控制评价工作或者某一专项业务内部控制评价工作。

（一）建立单位内控自我评价机制

单位内部控制自我评价机制要明确自我评价组织实施方案、人员组成和素质要求,确定自我评价程序、评价标准及各项指标、评价时间,规定自我评价报告报送程序、领导小组审批议程、反馈整改、考核处理等要求。

（二）明确单位内控自我评价的具体实施主体

一般由单位领导小组指定的内部控制评价与监督部门,如审计部门、纪检监察部门等,牵头组织开展自我评价工作,负责对单位内部控制的有效性进行评价,并出具单位内部控制自我评价报告。内部控制自我评价必须保证每年最少开展一次。

（三）开展内控自我评价的依据

单位应当以《单位内部控制规程》和内部控制管理制度体系作为内部控制运行的指导性的政策管理文件依据,对单位层面和业务层面的内部控制执行活动进行监督检查。

（四）内控自我评价的方法

常用的内控自我评价的方法主要包括:

1.询问。询问是我们了解内部控制制度设计和执行情况的一种较为简单、快捷的方法。询问主要是对业务层面内部控制相关的人员进行询问,询问的主要内容包括内部控制制度的建立情况、岗位职责划分情况、业务审批流程、业务活动的关键控制点、特殊业务的处理方式等。

2.观察。对于一些未能留下书面记录的控制的执行情况,现场观察是一种较为有效的评价方法。例如:观察人员的职责分工情况,观察预算资料及数据的传递情况,观察固定资产的存放、保管状况,观察现金、空白票据的保管情况,观察科研项目的管理情况,观察合同的存放、保管状况等。

3.检查。检查包括对内部控制制度文本的检查以及对内部控制制度执行留下的书面证据进行的检查。例如:检查与业务层面有关的内部控制制度文本,检查有关部门预决算表、合同签订审批表、资产购置验收单、固定资产盘点报告、科研项目验收报告等单据材料。

4.重新执行。重新执行是指以人工方式或使用计算机辅助技术,重新独立执行作为被评价单位内部控制组成部分的程序或控制。例如:为了合理保证经费支出的准确性、合规性,需要由复核、审批人员核对发票金额与报账金额是否一致,报账发票是否合法合规等。

5.穿行测试。穿行测试是通过追踪业务的整个流程在信息系统中的处理过程,以此来核实内部控制设计的有效性以及确定内部控制制度是否得到执行。例如:在测试预算编制业务层面的内部控制制度是否得到有效执行时,可以先将预算编制按业务流程的方式描述出来并记录关键控制点,形成预算编制流程图,然后要求相关部门、人员提供预算编制的测算、审批、上报等材料,再将这些材料对照预算编制流程图,比较并记录没有做到位的地方。在测试资产采购业务内部控制制度是否得到有效执行时,先将资产采购按业务流程的方式描述出来并记录关键控制点,形成资产采购业务流程图,然后要求相关部门、人员提供资产采购的申请、审批、验收、领用等材料,再将这些材料对照资产采购业务流程图,比较并记录没有做到位的地方。

同时,也可通过抽样、现场勘察、个别访谈、专题讨论等形式了解相关部门各项业务活动内部控制执行情况。检查过程中做好检查、访谈记录,形成工作底稿,按类别进行归档留存。

(五)确定单位内控自我评价的内容

内部控制自我评价是对单位内部控制有效性发表意见,内部控制有效性包括内部控制设计的有效性和内部控制执行的有效性。

1.内部控制设计的有效性是指为实现控制目标所必需的内部控制程序都存在并且设计恰当,能够为控制目标的实现提供合理保证。评价单位内部控制设计的有效性,应当着重考虑以下四个方面:

(1)内部控制设计的合理、合法性,即内部控制设计是否符合内部控制的基本原理,以相关法律法规和相关规定为依据;

(2)内部控制设计的全面性,即内部控制的设计是否覆盖了单位所有经济活动的全过程、所有内部控制关键岗位,是否对单位内部各相关部门和人员都具有约束力;

(3)内部控制设计的重要性,即内部控制的设计是否重点关注了单位的重要经济活动和经济活动的重大风险;

(4)内部控制设计的适应性,即内部控制的设计是否与单位所处环境、业务特点、复杂程度以及风险管理要求相匹配。

2.内部控制执行的有效性是指在内部控制设计有效的前提下,内部控制能否按照设计的内部控制程序正确地执行,从而为控制目标的实现提供合理保证。评价内部控制执行的有效性,应当着重考虑以下四个方面:

(1)各个业务控制在评价期内是如何运行的;

(2)各个业务控制是否得到了持续、一致的执行;

(3)相关内部控制机制、内部管理制度、岗位责任制、内部控制措施是否得到有效执行;

(4)执行业务控制的相关工作人员是否具备必要的权限、资格和能力。

(六)内部控制缺陷的认定

按照内部控制严重程度,内部控制缺陷分为重大缺陷、重要缺陷和一般缺陷。重大缺陷也称实质性漏洞,是指一个或多个控制缺陷的组合,可能严重影响内部整体控制的有效性,进而导致单位无法及时防范或发现严重偏离整体控制目标的情形;重要缺陷是指一个或多个一般缺陷的组合,其严重程度低于重大缺陷,但导致单位无法及时防范或发现严重偏离整体控制目标的严重程度依然重大,需引起管理层关注;一般缺陷是指除重要缺陷、重大缺陷外的其他缺陷。

(七)出具书面自我评价报告

自我评价工作结束,应当出具书面自我评价报告。内部控制自我评价报告应当交由内控领导小组进行专题研究,并责成相关部门进行整改。整改结果应当作为自我评价报告的必要组成部分。

一般情况下,内部控制审计评价报告具体内容包括单位基本情况、内部控制评价、内部控制存在的问题及建议、其他事项说明。其中,在基本情况下需涵盖单位本身基本情况、机构及人员情况、行政管理体制、内控建设情况等;在内部控制评价下需涵盖内部控制概述、内部控制评价范围、内部控制评价的主要方法、内部控制缺陷的认定等几个方面的内容。[参考格式详见附件1:内部控制自我评价报告(参考格式)。]

需要说明的是,在后文将详细介绍的年度内部控制报告编报指标解释中,单位自行或者委托第三方对单位内部控制体系建立与实施情况进行检查,并出具的检查报告,也可等同于单位内部控制评价报告。有条件的单位可以尝试聘请会计师事务所或其他中介机构开展内控审计,并由其正式出具具有法律效力的《内控审计报告》。

(八)内控自我评价报告的应用

单位内部控制评价结果的应用:一是作为完善内部管理制度的依据,即单位根据内部控制评价发现的问题,及时更新内部管理制度。二是作为监督问责的重要参考依据,即单位将内部控制评价发现的问题落实到各责任主体,并把评价结果作为监督问责的重要参考依据。三是作为领导干部选拔任用的重要参考,即单位将内部控制评价发现的问题落实到各责任主体,并把评价结果作为领导干部选拔任用的重要指标。四是作为单位绩效考评,即将内部控制自我评价的结果应用到单位整体绩效评价中,据此对单位管理层进行考核评定。

九、做好内部控制运行维护

单位内部控制优化设计完成后,就进入内部控制的试运行、正式运行、日常维护、持续优化阶段。单位内部控制体系建立是内部控制的起始阶段,内部控制体系的运行维护才是内部控制发挥作用的重要阶段,是内部控制的常态。单位应当明确各部门、各岗位和相关工作人员的分工和责任,设立相关部门和岗位对相关工作人员执行内部控制管理制度的结果进行监督和奖惩,形成完善的内控执行机制。

在内部控制运行维护阶段,事业单位应当按照《单位内部控制规程》和《内部控制管理办法》运行维护内部控制体系。内部控制体系的运行维护,不仅涉及内部控制规程的更新、内部控制管理办法的规范制定,还涉及各项业务流程的规范运行与优化、对各项管理制度的规范制定。

(一)做好内部控制日常维护和持续优化

单位每年应当根据外部监管要求和内部实际管理需要,制定内部控制运行维护工作计划。

1.确定年度内部控制运行维护工作计划

单位年度内部控制运行维护工作计划应当由内部控制牵头部门负责起草制定。根据单位内部控制目标和年度内部控制工作目标,内部控制牵头部门制定内部控制运行维护工作计划,经内部控制领导小组审阅签发后,以正式文件下发并遵照执行。

2.内部控制运行

单位各部门在日常各项业务工作中,应当按照《单位内部控制规程》中的各项业务流程开展工作,在业务流程运行过程中,发现其中的缺陷或者不足,逐渐优化改进业务流程。优化调整后的业务流程应当报内部控制牵头部门留档备案。

单位内部控制日常维护主要是对内部控制体系的维护,在日常工作中,不断发现问题和缺陷,及时进行整改优化,以达到控制风险的目标。对于不常运行或实施的控制措施,至少应当每年运行维护一次,以确保内部控制措施的实用性和有效性。

(二)完善内部控制规程和管理办法

单位内部控制体系建设完成后,会形成《单位内部控制规程》和《内部控制管理办法》等相关管理政策文件。

《单位内部控制规程》是将单位各项经济业务活动涉及的管理制度、业务流程、风险点、风险管控措施等汇总编制成指导性内控管理文件。它是单位开展各项业务活动的内部控制指导性文件,也是优化改进内部控制的基础和依据。《单位内部控制规程》的控制对象是业务活动,《内部控制管理办法》的管理对象是内部控制活动,二者相辅相成、缺一不可。单位应根据内部控制运行情况,定期进行风险评估、自我评价等,及时修订、完善内部控制规程,并监督实施,有效防范风险。

　　《内部控制管理办法》是规范单位各项经济业务活动的内部控制工作是如何开展的制度文件,是单位开展内部控制管理的依据。它通过对内部控制的原则、过程以及相关内控管理要求进行规范,以保证单位内部控制管理有章可循、有据可依。因此,每年应根据内外部控制环境变化,如国家、上级主管部门政策、制度的变化,单位内设机构、职能的变化,单位业务流程管理的变化等,及时修订、完善内部控制管理制度体系。对已经过时、不适用、与现行法律法规相抵触的制度进行废止,对不符合高效顺畅管理要求但仍需继续执行的制度进一步修订完善,对缺位的制度抓紧研究制定,为内部控制的运行提供明确的指南和坚实的保障。

　　(三)强化培训

　　内部控制作为一项专业管理活动,除了在控制活动上进行运行维护外,还应该在"人"上进行运行维护。这里主要是指单位应当加强单位不同层次的人员进行内部控制的相关培训,不断灌输更新单位不同层次人员内部控制的思维模式,不断提高不同层次人员内部控制的思想意识,不断加强单位内部控制管理人员的专业业务能力,从而提升单位整体内部控制文化水平。

第二节　单位层面内部控制

　　根据《行政事业单位内部控制规范(试行)》,单位层面内部控制主要包括内部控制工作的组织情况、内部控制机制的建设情况、内部管理制度的完善情况、内部控制关键岗位工作人员的管理情况、财务信息的编报情况等。

　　一、建立内部控制的组织架构

　　单位应当单独设置内部控制部门,负责组织协调内部控制工作。同时,应当充分发挥财会、政府采购、基建、资产管理、合同管理、内部审计、纪检监察等部门或岗位在内部控制中的作用。

　　二、建立内部控制的工作机制

　　(一)建立单位经济活动的决策、执行和监督相互分离的机制

　　行政事业单位在根据决策、执行和监督相互分离的原则进行组织架构和

岗位设置时,应当符合单位的实际情况。既要服从本单位"三定"的要求,在现有编制内按照内控的要求设计工作机制,又可以从经济活动的特点出发,建立联合工作机制。

(二)建立健全议事决策机制

1. 建立健全议事决策制度。包括确定议事成员构成、决策事项范围、投票表决规则、决策纪要撰写、流转和保存以及对决策事项的贯彻落实和监督程序等。特别应当明确实行单位领导班子集体决策的重大经济事项的范围。行政事业单位的重大经济事项一般包括大额资金使用、大宗资产采购、基本建设项目、重大外包业务、对外投资和融资业务(如果国家有关规定允许的话)、重要资产处置、信息化建设以及预算调整等。由于各单位实际情况不同,重大经济事项的认定标准应当根据有关规定和本单位实际情况确定,一经确定,不得随意变更。

2. 集体研究与专家论证、技术咨询相结合。单位应当建立健全集体研究、专家论证和技术咨询相结合的议事决策机制。单位领导班子集体决策应当坚持民主集中制原则;对于业务复杂、专业性强的经济活动,特别是基本建设项目和政府采购业务,应当听取专家的意见,必要时可以组织技术咨询。

3. 做好决策纪要的记录、流转和保存工作。对重大经济事项的内部决策,应当形成书面决策纪要,如实反映议事过程以及每一位议事成员的意见,并要求议事成员进行核实、签字认可,并将决策纪要及时归档、妥善保存。

4. 加强对决策执行的追踪问效。单位应当注重决策的落实,对决策执行的效率和效果进行跟踪评价,避免决策走过场而失去权威性。

(三)建立健全内部控制关键岗位责任制

1. 明确岗位职责与权力。单位应当建立健全内部控制关键岗位责任制,明确岗位职责及分工。单位应当以书面形式(岗位责任书或其他相关文件)规定内部控制关键岗位的专业能力和职业道德要求,明确岗位职责、岗位权力以及与其他岗位或外界的关系,并将上述书面要求落实到岗位设置和人员配置中。内部控制关键岗位主要包括预算业务管理、收支业务管理、政府采购业务管理、资产管理、建设项目管理、合同管理以及内部监督等经济活动的关键岗位。

2.分岗设权与分事行权相结合。单位应当科学设置内部控制关键岗位,确保不相容岗位相互分离、相互制约和相互监督。通常要求单位经济活动的决策、执行、监督相互分离和相互制约,即申请与审核审批、审核审批与具体业务执行、业务执行与信息记录、业务审批、执行与内部监督的岗位分离。

3.定期轮岗。单位应当实行内部控制关键岗位工作人员的轮岗制度,明确轮岗周期。不具备轮岗条件的单位应当采取专项审计等控制措施。

三、对内部控制关键岗位工作人员的要求

(一)选拔任用内部控制关键岗位人员

单位应当把好人员入口关,将职业道德修养和专业胜任能力作为选拔和任用员工的重要标准,确保为内部控制关键岗位配备的工作人员具备与其工作岗位相适应的资格和能力。同时,还应当切实加强员工业务培训和职业道德教育,不断提升员工的素质。

(二)加强内部控制关键岗位人员业务能力建设

单位应当对内部控制关键岗位工作人员定期或不定期进行专业业务培训,以提升内控关键岗位工作人员的业务水平,使内控关键岗位工作人员更好、更专业地开展内控工作,有效防范财务风险,加强单位财务管理。

(三)加强内部控制关键岗位人员轮岗制

单位应当定期对内控关键岗位工作人员实行轮岗制度,实行不相容岗位相互分离制度,将内控实施工作人员的内部控制风险降至最低。

四、编报财务信息的要求

单位在编报财务信息时,通常应符合财务管理上的几方面要求:

(一)严格按照法律规定进行会计机构设置和人员配备

单位应当根据《会计法》的规定建立会计机构,配备具有相应资格和能力的会计人员。

(二)落实岗位责任制,确保不相容岗位相互分离

单位应当保障财务部门的人员编制,以便财务部门能够实施必要的不相

容岗位相互分离。同时,应当实行财务部门关键岗位定期轮岗制度或采取替代控制措施,防止财务舞弊的发生。

(三)加强会计基础工作管理,完善财务管理制度

单位应当根据国家有关规定并结合单位实际制定和完善各项财务管理制度,如制定财务管理办法、科研经费管理办法、差旅费管理办法、会议费管理办法、资金管理办法、采购管理办法等内部管理制度。

(四)按法定要求编制和提供财务信息

单位应当根据实际发生的经济业务事项,按照国家统一的会计制度及时进行账务处理、编制财务报告,确保财务信息真实、完整。

(五)建立财务部门与其他业务部门的沟通协调机制

单位财务部门应当与其他业务部门之间加强信息沟通,定期开展必要的信息核对,必要情况下可运用信息化手段建立财务系统,实现与其他各业务系统互联,实现重要经济活动信息共享。

五、运用现代科技手段加强内部控制

单位应当充分运用信息化手段加强内部控制建设。单位应当对信息系统建设实施归口管理,将经济活动及其内部控制的流程和措施嵌入单位信息系统中,减少或消除人为操作的因素,保护信息安全。

由于投入不足,农业科研院所内部控制建设信息化程度普遍较低,目前使用的信息化系统多为仅具有报表编报或信息记录功能的系统(模块),如部门预算管理系统(财政版)、部门决算管理系统、行政事业单位资产管理信息系统(财政版)、政府财务报告管理系统、国库集中支付系统、政府会计核算系统、行政事业单位内部控制报告填报系统等。根据本书第三章"行政事业单位内部控制报告"填报要求,上述仅具有报表编报或信息记录功能的系统,以及与业务无关的内部控制工作辅助软件等未嵌入单位经济业务及其内部控制流程的系统,均不属于内部控制信息化的组成模块。因此,农业科研院所内部控制信息化建设的道路还很漫长。

第三节　业务层面内部控制

根据《行政事业单位内部控制规范(试行)》,农业科研院所的内部控制建设中业务层面内部控制主要包括预算业务控制、收支业务控制、政府采购业务控制、资产控制、建设项目控制、合同控制等,这些业务基本涵盖了农业科研院所的主要经济活动内容。

一、预算业务控制

农业科研院所预算业务是对年度收支的规模和结构进行的预计和测算,其具体形式是按一定的标准将单位预算年度的收支分门别类地列入各种计划表格,通过这些表格可以反映一定时期单位收入的具体来源和支出方向。单位应当建立健全预算编制、审批、执行、决算与评价等预算内部管理制度,合理设置岗位,明确相关岗位的职责权限,确保预算编制、审批、执行、评价等不相容岗位相互分离。根据实际情况通常可分为预算管理业务流程、决算管理业务流程、绩效评价业务流程等。

(一)业务流程简介

本流程主要规范单位预算管理的业务过程,旨在保证预算方案的科学性、合理性和准确性。本流程主要对预算管理过程进行描述,适用于年度预算编制与审批,年度预算编制后经单位及上级主管部门、财政部审议通过后下发执行,年度决算编制与审批,预算绩效评价等。

(二)岗位设置

主要设置预算编制、预算审批、预算执行、绩效评价等岗位。预算编制岗主要负责年度预算报表编制工作;预算审批岗主要负责对预算编制岗的办理结果进行复核,并上报上级主管部门;预算执行岗主要负责预算批复后规范、合理地执行好相关经费;绩效评价岗主要负责按照专项、部门绩效评价要求对预算实施绩效进行评价。

(三)业务流程图

业务流程图见图2—1。

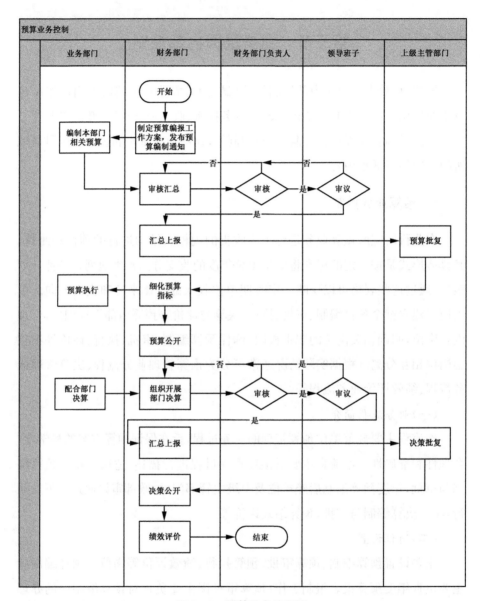

图 2—1 预算业务流程图

(四)业务环节描述

环节1:根据上级主管部门通知要求和单位工作安排,在年度部门预算编制前,组织开展相关预算前期调研工作。制定预算编制工作方案,印发工作通知。

环节2：根据部门预算编制要求,组织各内设机构(部门)开展预算编制工作。

环节3：组织对各内设机构(部门)上报的预算进行审核,并汇总形成单位预算方案,经单位领导班子集体审定后,以正式文件上报上级主管部门。

环节4：根据上级主管部门批复的预算指标,细化到各内设机构(部门)。

环节5：按照要求进行部门预算信息公开。

环节6：监督各内设机构(部门)按批复的预算依法规范执行,加快预算执行进度,提高资金使用绩效。

环节7：根据部门决算编制要求,组织各内设机构(部门)开展决算编制工作。经单位领导班子集体审定后上报上级主管部门。

环节8：部门决算批复后,按照要求进行部门决算信息公开。

环节9：按照绩效评价要求对预算实施绩效进行评价。

(五)预算业务的主要风险点

1.预算编制环节:编制的过程短,时间紧,准备不充分,可能导致预算编制质量低;财会部门与其他职能部门之间缺乏有效沟通或业务部门不参与其中,可能导致预算编制与预算执行、预算管理与资产管理、政府采购和基建管理等经济活动脱节;预算项目不细,编制粗糙,随意性大,可能导致预算约束不够。

2.预算批复环节:单位内部预算指标分解批复不合理,可能导致内部各部门财权与事权不匹配,影响部门职责的履行和资金使用效率。

3.预算执行环节:未按规定的额度和标准执行预算,资金收支和预算追加调整随意无序,存在无预算、超预算支出等问题,可能会影响预算的严肃性;不对预算执行进行分析,沟通不畅,可能导致预算执行进度偏快或偏慢。

4.决算编制环节:未按规定编报决算报表,不重视决算分析工作,决算分析结果未得到有效运用,单位决算与预算相互脱节,可能导致预算管理的效率低下;未按规定开展预算绩效管理,评价结果未得到有效应用,可能导致预算管理缺乏监督。

(六)预算业务主要控制措施

1.预算编制环节的关键控制措施

单位的预算编制应当做到程序规范、方法科学、编制及时、内容完整、项目细化、数据准确。

(1)落实单位内部各部门的预算编制责任。在预算业务内部管理制度中明确规定各业务部门在预算编制中的职责并加以落实。

(2)采取有效措施确保预算编制的合规性。单位财务部门应当正确把握预算编制有关政策,做好基础数据的准备和相关人员的培训,统一部署预算编报工作,确保预算编制相关人员及时全面掌握相关规定。

(3)建立单位内部部门之间沟通协调机制。单位应当建立内部预算编制、预算执行、资产管理、基建管理、人事管理等部门或岗位的沟通协调机制,按照规定进行项目评审,确保预算编制部门及时取得和有效运用与预算编制相关的信息,提高预算编制的科学性。

(4)完善编制方法,细化预算编制。单位各部门(及下属单位)编制预算应在对当年预算执行情况进行评价的基础上,根据各部门(本单位)制定的下一预算年度工作计划,对各项收支的规模和结构进行预计和测算,工作计划应尽可能具体,以便细化预算编制;财务部门审核汇总各部门(及下属单位)预算时,应核对该部门当年预算执行情况以及项目细化程度是否符合有关预算管理政策。

(5)强化相关部门的审核责任。单位内部各业务部门提交的预算建议数及基础申报数据应当经过归口管理部门和财务部门的审核。归口管理部门主要对归口管理范围内的业务事项进行合理性审核,即根据业务部门的工作计划对其具体工作安排和资金额度的合理性进行审核。财务部门主要对预算建议数进行合规性审核,即审核业务部门对预算建议数的测算是否符合规定的标准,预算安排是否符合国家的政策要求等。

(6)重大预算项目采取立项评审方式。对于建设工程、大型修缮、信息化项目和大宗物资采购等重大事项,可以在预算编制环节采取立项评审的方式,对预算事项的目的、效果和金额等方面进行综合立项评审。除遵照财政等有关部门规定由指定专业机构评审以外,单位还可以成立评审小组自行组织评审,也可委托外聘专家或中介机构等进行外部评审。

2.预算批复环节的关键控制措施

(1)明确预算批复的责任。明确财务部门负责对单位内部的预算批复工作进行统一管理;设置预算管理岗负责单位内部预算批复工作,对按法定程序批复的预算在单位内部进行指标分解和细化,对内部预算指标的名称、额度、开支范围和执行方式进行逐一界定;设立预算领导小组(或者通过单位领导班子会议)对预算指标的内部分配实施统一决策。

(2)合理进行内部预算指标分解。财务部门收到财政部门(或上级部门)的年度预算批复后,应当在本单位年度预算总额控制范围内,及时细化分解本年度内部预算指标。内部指标分解应按照各部门(及各下属单位)业务工作计划对预算资金进行分配,对各项业务工作计划的预算金额、标准和具体支出方向进行限定。

(3)合理采用内部预算批复方法。内部预算指标的批复,可以采取的方式有总额控制、逐项批复、分期批复、上级单位统筹管理、归口部门统一管理等。进行预算批复时,应结合实际预留机动财力。对于在预算批复时尚无法确定事项具体内容的业务,可先批复该类事项的总额,在预算执行过程中履行执行申请与审批管理。由上级单位统筹管理的预算,可一次性或分次分批下达预算指标,以保留适当的灵活性,避免频繁的预算调整。

(4)严格控制内部预算追加调整。单位应当明确预算追加调整的相关制度和审批程序,无合理理由的追加调整应予拒绝。

3.预算执行环节的关键控制措施

单位应当根据批复的预算安排各项收支,确保预算严格有效执行。

(1)预算执行申请控制。预算执行一般包括三种方式:直接执行、政府采购执行、依申请执行,其中除了政府采购外,支出金额较大、非经常性发生的业务应当先进行预算执行申请。业务部门应当根据已批复的预算指标提出申请,不得超出可用指标额度,必须将指标额度、支出事项和执行申请一一对应,符合指标批复时的业务范围以及经费支出管理办法和细则的相关规定。

(2)预算执行审核和审批控制。预算执行申请提出后,应当由归口管理部门和财务部门进行审核,并按规定的审批权限进行审批。审批通过以后,业务部门才能办理业务事项以及后续的报销等事宜。

(3)资金支付控制。在资金支付环节,业务部门借款申请或报销申请按规定的审批权限和程序审批完成后,由审核岗进行凭证、票据等方面审核后,由出纳岗依据支付审核阶段已明确的借款申请或报销申请的资金来源项账户类型,办理具体的资金支付业务。

(4)预算执行分析控制。单位应当建立预算执行分析机制,定期通报各部门预算执行情况。单位可以通过定期召开预算执行分析会议的方式,开展预算执行分析。预算执行分析会由财务部门通报上期的预算执行情况,传达近期国家及上级有关部门出台的财务制度及规定;各部门逐一介绍所负责预算的执行进度、下一步工作计划等情况,预算执行分析会应研究解决预算执行中存在的问题,提出改进措施,提高预算执行的有效性。

4.决算与评价环节的关键控制措施

(1)决算控制。单位应当加强决算管理,确保决算真实、完整、准确、及时,加强决算分析工作,强化决算分析结果运用,建立健全单位预算与决算相互反映、相互促进的机制。

(2)绩效评价控制。单位应当加强预算绩效管理,建立"预算编制有目标、预算执行有监控、预算完成有评价、评价结果有反馈、反馈结果有应用"的全过程预算绩效管理机制。

(七)预算业务流程梳理主要关注事项

主要关注单位是否已建立预算业务管理相关内控制度,制度是否覆盖预算编制与审核、预算执行与调整、决算管理、绩效评价等环节。各关键环节是否覆盖了关键控制点:

1.预算编制与审核环节主要控制点:单位预算项目库入库标准与动态管理;单位预算编制主体、程序及标准;单位重大或新增预算项目评审程序。

2.预算执行与调整环节主要控制点:单位预算执行分析次数、内容及结果应用;单位预算调整主体、程序及标准。

3.决算管理环节主要控制点:单位决算编制主体、程序及标准;单位决算分析报告内容与应用机制。

4.绩效评价环节主要控制点:单位预算绩效目标编制与审核,项目预算绩效目标编制与审核;单位预算项目绩效执行主体、程序及标准;单位预算项目绩效运行监控;单位绩效评价主体、程序及结果应用。

二、收支业务控制

农业科研院所应当加强收支业务管理,建立健全收支业务内部管理制度,合理设置岗位,明确相关岗位的职责权限,确保收款和会计核算、支出申请和内部审批、付款审批和付款执行、业务经办和会计核算等不相容岗位相互分离。

(一)收入业务流程

1.业务流程简介

农业科研院所的收入是指单位为开展业务活动,从各种渠道依法取得的各类收入的总称,按来源主要分为财政拨款收入、上级补助收入、事业收入、事业单位经营收入、下级单位上缴收入、用事业基金弥补收支差额等。本流程主要规范单位收入业务过程,旨在保证单位收入准确、完整。可根据实际情况设置财政性收入业务流程和非财政性收入业务流程。

2.岗位设置

主要设置收入经办、收入审核、出纳岗等。其中,收入经办岗负责根据预算批复编制请款计划,以及银行下达预算资金编制收入凭证等;收入审核岗负责审核经办岗编制的请款计划和收入凭证等;出纳岗负责跟踪银行下达预算资金情况及月末对账等工作。

3.业务流程图

业务流程图见图2—2、图2—3。

4.财政收入业务环节描述

环节1:收入经办岗根据预算批复额度,组织各业务部门编制当年财政拨款收入用款计划。一般本年12月份编制下一年度1至5月份用款计划,5月份编制6至12月份用款计划。基本支出按月度均衡编报,项目支出按项目实施需求编报。

环节2:收入审核岗审核经办岗编制的请款计划是否符合预算批复,是否按要求填报等,审核无误后汇总上报。

环节3:出纳岗收到银行每月下达的财政授权额度通知单,交由经办岗入账;经办岗负责跟踪控制财政直接支付额度下达情况。

环节4:审核岗根据预算批复,审核经办岗编制的收入凭证的准确性等。

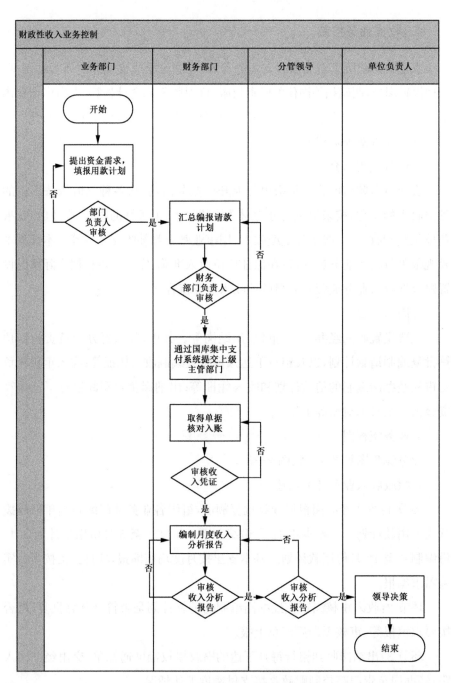

图2—2 财政性收入业务流程图

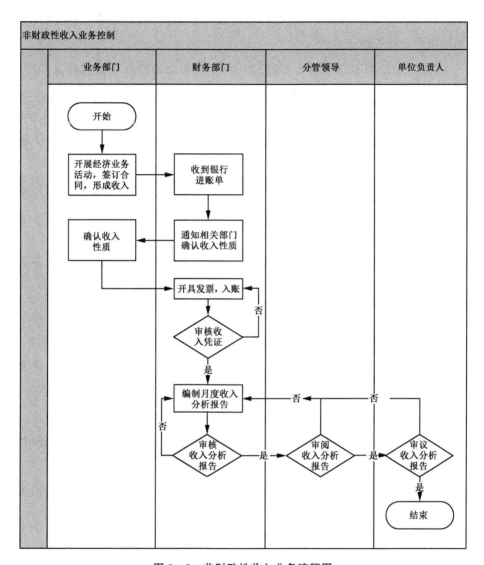

图 2—3　非财政性收入业务流程图

环节 5:出纳岗月末根据银行财政对账单进行对账。

环节 6:每月底经办岗汇总当月收入情况,编报收入分析报告,报领导审阅、决策。

5.非财政收入业务环节描述

环节 1:各业务部门开展经济活动,形成收入。

环节 2:收入经办岗收集各部门年度收入预算文件、合同等信息资料,告知出纳岗及时跟踪相关收入。

环节 3:出纳岗收到银行入账通知回单,及时交由经办岗核对确认,经办岗及时将资金到账情况反馈各部门,并确认资金收入性质。

环节 4:经办岗根据各部门反馈确认的资金收入结果,开具相关票据,并做好入账工作;审核岗审核经办岗开具的票据的合规性和准确性,审核收入凭证的准确性。

环节 5:经办岗每月编制收入分析报告,反馈至各部门,并报单位领导审核、决策。

6.收入业务的主要风险点

(1)各项收入未按照法定项目和标准征收,或者收费许可证未经有关部门年检,可能导致收费不规范或乱收费的风险。

(2)未由财务部门统一办理收入业务,缺乏收入统一管理和监控,其他部门和个人未经批准办理收款业务,可能导致贪污舞弊或者私设"小金库"的风险。

(3)违反"收支两条线"管理规定,截留、挪用、私分应缴财政的收入,或者各项收入不入账或设立账外账,可能导致私设"小金库"或者资金体外循环的风险。

(4)执收部门和财务部门沟通不够,单位没有掌握所有收入项目的金额和时限,造成应收未收,可能导致单位利益受损的风险。

(5)没有加强对各类票据、印章的管控和落实保管责任,可能导致票据丢失、相关人员发生错误或舞弊的风险。

7.收入业务主要控制措施

(1)对收入业务实施归口管理。明确由财务部门归口管理各项收入并进行会计核算,严禁设立账外账。财务部门应定期清理掌握本单位各部门的收费项目,做好收费许可证的年检,确保各项收费项目符合国家有关规定。业务部门应当在涉及收入的合同协议签订后及时将合同等有关材料提交财务部门作为账务处理依据,确保各项收入应收尽收、及时入账。财务部门应当定期检查收入金额是否与合同约定相符;对应收未收项目应当查明情况,明确责任主体,落实催收责任。

(2)严格执行"收支两条线"管理规定。有政府非税收入收缴职能的单位，应当按照规定项目和标准征收政府非税收入，按照规定开具财政票据，做到收缴分离、票款一致，并及时、足额上缴国库或财政专户，不得以任何形式截留、挪用或者私分。

(3)建立收入分析和对账制度。财务部门应当根据收入预算、所掌握的合同情况，对收入征收情况的合理性进行分析，判断有无异常情况；应定期与负有征收义务的部门进行对账，及时检查并作出必要的处理。

(4)建立健全票据和印章管理制度。单位应当明确规定票据保管、登记、使用和检查的责任。财政票据、发票等各类票据的申领、启用、核销、销毁均应履行规定手续。单位应当按照规定设置票据专管员，建立票据台账，做好票据的保管和序时登记工作。票据应当按照顺序号使用，不得拆本使用，做好废旧票据管理。负责保管票据的人员要配置单独的保险柜等保管设备，并做到人走柜锁。单位不得违反规定转让、出借、代开、买卖财政票据、发票等，不得擅自扩大票据适用范围。

8.收入业务流程梳理主要关注事项

主要关注单位是否已建立收入业务管理相关内控制度，制度是否覆盖收款和会计核算、票据开具与审核、收入分析与审核等环节。各关键环节是否覆盖了关键控制点：

(1)收入管理环节关键控制点：单位财政收入种类与收缴管理。

(2)财政票据管理关键控制点：单位财政票据申领、使用保管及核销。

(二)支出业务流程

1.业务流程简介

支出是指农业科研院所为保障单位机构正常运转、完成日常工作任务或专项任务而发生的资金流出。按照支出类别主要分为两大类：基本支出和项目支出。其中，基本支出主要包括人员经费和公用经费。项目支出主要包括基本建设、专项业务费、大型修缮、大型购置、大型会议等。单位应当按照支出业务的类型，明确内部审批、审核、支付、核算和归档等支出各关键岗位的职责权限。实行国库集中支付的，应当严格按财政国库管理制度有关规定执行。

本流程主要规范单位支出业务过程，旨在保证单位支出合法、合规，提高财政资金使用效率与效益。可根据实际情况设置基本支出业务流程和项目支出业务流程等。

2. 岗位设置

主要设置支出经办岗、支出审核岗、出纳岗等。其中,经办岗根据报账相关要求审核原始单据后出具记账凭证;审核岗负责审核经办岗出具的记账凭证是否正确;出纳岗根据已审核的记账凭证打印银行票据;审核岗负责审核出纳打印的银行单据是否准确,与记账凭证是否相符。

3. 业务流程图

业务流程图见图 2—4。

4. 业务环节描述

环节 1:各业务部门开展业务活动,发生业务支出,按财务部门报销规定整理原始单据,填制费用报销单,经部门负责人审核签字后,提交财务部门。

环节 2:财务部门对报账人提交的原始单据进行初步审核,主要审核支出内容是否合理、是否符合预算要求,审批程序是否完善等。不符合报销要求的,退回经办人。

环节 3:财务部门根据审核通过的原始单据编制记账凭证或直接支付申请材料。

环节 4:财务部门审核岗审核经办岗编制的记账凭证或直接支付付款材料,主要审核收款人、金额等是否正确,支出金额是否超预算,是否符合直接支付要求等;对于可以支付的,直接支付材料直接上报。

环节 5:出纳通知报账经办人对记账凭证进行签字确认后办理支付手续。

环节 6:每月月初进行对账工作,确保账账相符。

5. 支出业务的主要风险点

(1)支出申请不符合预算管理要求,支出范围及开支标准不符合相关规定,基本支出与项目支出之间相互挤占,可能导致单位预算失控或者经费控制目标难以实现的风险。

(2)支出未经适当的审核、审批,重大支出未经单位领导班子集体研究决定,可能导致错误或舞弊的风险。

(3)支出不符合国库集中支付、政府采购、公务卡结算等国家有关政策规

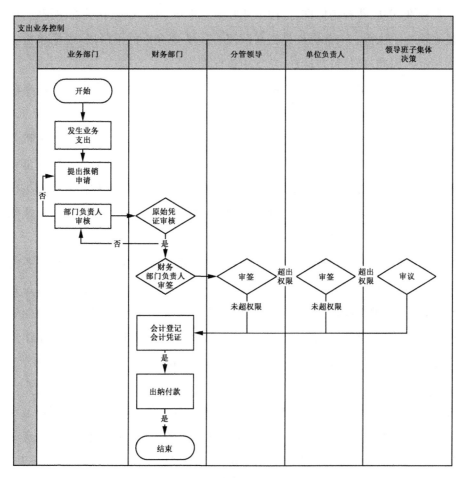

图 2—4 支出业务流程图

定,可能导致支出业务违法违规的风险。

(4)采用虚假或不符合要求的票据报销,可能导致虚假发票套取资金等支出业务违法违规的风险。

(5)对各项支出缺乏定期的分析与监控,对重大问题缺乏应对措施,可能导致单位支出失控的风险。

6.支出业务主要控制措施

(1)明确各支出事项的开支范围和开支标准。明确支出事项的开支范围,就是对该支出事项及其事项明细进行界定。支出事项的开支标准包括外部标准和内部标准。外部标准是指国家或者地方性法规制度规定的标准,如人员工资标准、差旅费报销标准、公用事业收费标准等，都由国家相关部门规定，单位必须遵照执行。内部标准是指在国家有关法规允许的范围内，根据单位实际制定的标准，如接待费标准、食堂用餐标准等。

（2）加强支出事前申请控制。单位在发生相关支出前应当履行支出事前申请程序，经审核通过后再开展相关业务。

（3）加强支出审批控制。审批控制要求各项支出都应经过规定的审批才能向财务部门申请资金支付或者办理报销手续。单位应当明确支出的内部审批权限、程序、责任和相关控制措施。审批控制包括对审批的权限和级别进行规定，包括分级审批、分额度审批、逐项审批等方式。审批人应当在授权范围内审批，不得越权审批。

（4）加强支出审核控制。财务部门在办理资金支付前应当全面审核各类单据，重点审核单据来源是否合法，内容是否真实、完整，使用是否准确，是否符合预算，审批手续是否齐全。支出凭证应当附反映支出明细内容的原始单据，并由经办人员签字或盖章。通常对原始单据也应做出明确要求。超出规定标准的支出事项应由经办人员说明原因并附审批依据，确保与经济业务事项相符。

（5）加强资金支付和会计核算控制。财务部门应当按照规定办理资金支付业务，签发的支付凭证应当进行登记。使用公务卡结算的，应当按照公务卡使用和管理有关规定办理业务。财务部门应当根据支出凭证及时准确登记账簿，涉及合同或者内部签报的，财务部门应当要求业务部门提供与支出业务相关的合同或内部签报作为账务处理的依据。

（6）加强支出业务分析控制。单位应定期编制支出业务预算执行情况分析报告，为单位领导管理决策提供信息支持。对于支出业务中发现的异常情况，应及时采取有效措施。

7.支出业务流程梳理主要关注事项

主要关注单位是否已建立收入业务管理相关内控制度，制度是否覆盖支出申请和内部审批、付款审批和付款执行、业务经办和会计核算等环节。

（1）支出管理环节关键控制点：单位支出范围与标准；单位各类支出审批权限。

（2）公务卡管理环节关键控制点：单位公务卡结算范围及报销程序；单位公务卡办卡及销卡管理。

三、政府采购业务控制

农业科研院所应当加强政府采购管理，建立健全政府采购预算与计划管理、政府采购活动管理、验收管理等政府采购内部管理制度，明确相关岗位的职责权限，确保政府采购需求制定与内部审批、招标文件准备与复核、合同签订与验收、验收与保管等不相容岗位相互分离。

（一）业务流程简介

单位的政府采购一般包括货物类、工程类和服务类。货物类采购主要包括专用设备、办公设备、交通设备、通信设施等。服务类采购主要包括会议定点、印刷、车辆维修、车辆加油、车辆保险、测试化验加工及其他专业服务。本流程主要规范单位政府采购业务过程，旨在保证单位政府采购计划、预算、执行、验收等过程合法合规。

（二）岗位设置

政府采购类业务设置经办岗、审核岗。经办岗、审核岗设置在政府采购管理部门，经办岗负责根据货物、服务类政府采购计划组织采购、配合验收；审核岗负责根据政府采购预算和资产配置计划审核年度货物、服务类政府采购计划和采购合同，牵头验收工作等。

（三）业务流程图

业务流程图见图2-5。

（四）业务环节描述

环节1：各业务部门按年度根据工作需要和经费批复情况填报货物、服务类政府采购计划，采购计划必须明确经费来源、品目、数量、单价、规格、技术参数等，经部门负责人审核签字后报送政府采购管理部门。

环节2：政府采购管理部门审核岗会同财务部门根据年度政府采购预算、资产配置计划和配置标准情况，审核各采购需求部门填报的政府采购计划，完善采购计划后经政府采购管理部门和财务部门审核人、负责人签字后报送政府采购管理分管领导审批，并发布采购需求。

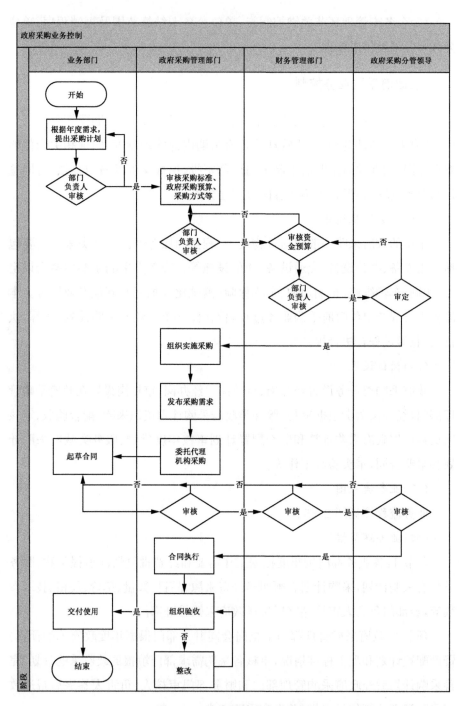

图 2-5 政府采购业务流程图

环节3:政府采购管理部门经办岗根据审批后的年度政府采购计划组织采购,属于政府集中采购目录的品目委托中央国家机关政府采购中心组织采购,其中属于批量采购的严格执行批量采购;属于政府集中采购目录外的品目可自行采购,达到限额以上的货物、服务类采购委托社会代理机构或集中采购机构组织采购。

环节4:业务部门根据采购结果,起草采购合同,报送政府采购管理部门、财务部门、法律事务室审核,分管领导审批。

环节5:政府采购管理部门经办岗根据合同约定,跟踪合同执行情况,配合验收。

环节6:政府采购管理部门审核岗牵头组成验收小组对货物、服务类采购的执行结果进行严格验收,验收通过的由验收小组签字;验收未通过的提出整改意见,直至整改到位验收通过后验收小组方可签字,验收通过后交付使用。

(五)政府采购业务的主要风险点

1.政府采购、资产管理和预算编制部门之间缺乏沟通协调,没有编制采购预算和计划,政府采购预算和计划编制不合理,可能导致采购失败或者资金、资产浪费的风险。

2.政府采购活动不规范,未按规定选择采购方式、发布采购信息,以化整为零或其他方式规避公开招标,在招投标中存在舞弊行为,可能导致单位被提起诉讼或受到处罚、采购的产品价高质次、单位资金损失的风险。

3.采购验收不规范,付款审核不严格,可能导致实际接收产品与采购合同约定有差异、资金损失或单位信用受损等风险。

4.采购业务相关档案保管不善,可能导致采购业务无效、责任不清等风险。

(六)政府采购业务主要控制措施

1.合理设置政府采购业务管理机构和岗位。单位一般情况下应当设置政府采购业务决策机构(如成立政府采购领导小组)、政府采购业务实施机构(包括政府采购归口部门、财务部门以及相关业务部门等),并在政府采购业务岗位设置上确保不相容岗位相互分离。

2.采购预算与计划管理。单位应当按照"先预算、后计划、再采购"的工作原则,根据本单位实际需求和相关标准编制政府采购预算,按照已批复的预算安排政府采购计划,实现预算控制计划,计划控制采购,采购控制支付。各业务部门应当按照实际需求提出政府采购预算建议数,政府采购部门作为归口管理部门应当严格审核政府采购预算,财务部门作为预算编制部门应当从预算指标额度控制的角度进行汇总平衡。业务部门应当在政府采购预算指标批准范围内,定期提交本部门的政府采购计划,由政府采购部门对政府采购计划的合理性进行审核,由财务部门就政府采购计划是否在预算指标的额度之内进行审核。单位还应当合理设置政府采购计划的审批权限、程序和相关责任。

3.采购活动管理。单位应当加强对政府采购活动的管理,对政府采购活动实施归口管理,在政府采购活动中建立政府采购、资产管理、财务、内部审计、纪检监察等部门或岗位相互协调、相互制约的机制。单位应当加强对政府采购申请的内部审核,按照规定选择政府采购方式、发布政府采购信息。对政府采购进口产品、变更政府采购方式等事项应当加强内部审核,严格履行审批手续。

4.采购项目验收管理。单位应当加强对政府采购项目验收的管理,根据规定的验收制度和政府采购文件,由指定部门或专人对所购物品的品种、规格、数量、质量和其他相关内容进行验收,并出具验收证明。

5.质疑投诉答复管理。单位应当加强对政府采购业务质疑投诉答复的管理,指定牵头部门负责、相关部门参加,按照国家有关规定做好政府采购业务质疑投诉答复工作。

6.采购业务记录控制。单位应当加强对政府采购业务的记录控制。妥善保管政府采购预算与计划、各类批复文件、招标文件、投标文件、评标文件、合同文本、验收证明等政府采购业务相关资料。定期对政府采购业务信息进行分类统计,并在内部进行通报。

7.涉密采购项目管理。单位应当加强对涉密政府采购项目安全保密的管理,规范涉密项目的认定标准和程序。对于涉密政府采购项目,单位应当与相关供应商或采购中介机构签订保密协议或者在合同中设定保密条款。

(七)政府采购业务流程梳理主要关注事项

主要关注单位是否已建立政府采购业务管理相关内控制度,制度是否覆盖采购申请与审核、采购组织形式确定、采购方式确定及变更、采购验收等环节。主要从以下几处关注各关键环节是否覆盖了关键控制点。

1.采购申请与审核环节关键控制点:单位采购审核分级授权机制;单位业务归口部门与财务归口部门审核内容。

2.采购组织形式确定环节关键控制点:单位政府集中采购组织形式及范围标准;单位自行采购组织形式及范围标准。

3.采购方式确定及变更环节关键控制点:单位采购方式确定及变更的主体、权限、程序。

4.采购验收环节关键控制点:单位采购验收主体、程序及结果应用。

四、资产控制

农业科研院所应当对资产实行分类管理,建立健全资产内部管理制度,合理设置岗位,明确相关岗位的职责权限,确保资产安全和有效使用。

(一)货币资金业务流程

1.业务流程简介

农业科研院所货币资金主要包括库存现金、银行存款、零余额账户用款额度等。本流程主要规范单位货币资金业务管理过程,旨在保证单位货币资金的使用、管理等合法合规。单位可根据实际情况设置货币资金管理业务流程、银行账户管理业务流程等。

2.货币资金业务流程主要风险点

(1)财务部门未实现不相容岗位相互分离,出纳人员既办理资金支付又经管账务处理,由一个人保管收付款项所需的全部印章,可能导致货币资金被贪污挪用的风险。

(2)对资金支付申请没有严格审核把关,支付申请缺乏必要的审批手续,大额资金支付没有实行集体决策和审批,可能导致资金被非法套取或者被挪用的风险。

(3)货币资金的核查控制不严,未建立定期、不定期抽查核对库存现金和银行存款余额的制度,可能导致货币资金被贪污挪用的风险。

(4)未按照有关规定加强银行账户管理,出租、出借账户,可能导致单位违法违规或者利益受损的风险。

3.货币资金业务主要控制措施

(1)不相容岗位分离控制。单位应当建立健全货币资金管理岗位责任制，合理设置岗位，不得由一人办理货币资金业务的全过程，确保不相容岗位相互分离。关键控制措施包括如下几个方面：

一是加强出纳人员管理。任用出纳人员之前应当对其职业道德、业务能力和背景等进行必要的调查，确保具备从事出纳工作的职业道德水平和业务能力。出纳不得兼管稽核、会计档案保管和收入、支出、债权、债务账目的登记工作。

二是加强印章管理。严禁一人保管收付款项所需的全部印章。财务专用章应当由专人保管，个人名章应当由本人或其授权人员保管。负责保管印章的人员要配置单独的保管设备，并做到人走柜锁。

三是加强签章管理。按照规定应当由有关负责人签字或盖章的，应当严格履行签字或盖章手续。

(2)授权审批控制。单位应当建立货币资金授权制度和审核批准制度，明确审批人对货币资金的授权批准方式、权限、程序、责任和相关控制措施，规定经办人办理货币资金业务的职责范围和工作要求。审批人应当根据货币资金授权批准制度的规定，在授权范围内进行审批，不得超越权限审批。大额资金支付审批应当实行集体决策。经办人应当在职责范围内，按照审批人的批准意见办理货币资金业务。对于审批人超越授权范围审批的货币资金业务，经办人有权拒绝办理。

(3)银行账户控制。单位应当加强对银行账户的管理，严格按照规定的审批权限和程序开立、变更和撤销银行账户。禁止出租、出借银行账户。

(4)货币资金核查控制。单位应当指定不办理货币资金业务的会计人员定期和不定期抽查盘点库存现金，核对银行存款余额，抽查银行对账单、银行日记账及银行存款余额调节表，核对是否账实相符、账账相符。对调节不符、可能存在重大问题的未达账项应当及时查明原因，并按照相关规定处理。

4.货币资金业务流程梳理主要关注事项

主要关注单位是否已建立货币资金业务管理相关内控制度，制度是否覆盖货币资金使用的申请与审核、货币资金的核查、银行账户管理等环节。各关键环节是否覆盖了关键控制点：

（1）货币资金使用的申请与审核关键控制点：按权限审批，印章管理。

（2）货币资金的核查关键控制点：定期核查、盘点、对账。

（3）银行账户管理关键控制点：单位银行账户类型，开立、变更、撤销程序及年检。

（二）固定资产和无形资产管理

农业科研院所应当加强对实物资产和无形资产的管理，明确相关部门和岗位的职责权限，强化对配置、使用和处置等关键环节的管控。

1. 业务流程简介

本流程主要规范单位实物资产和无形资产业务管理过程，旨在保证单位固定资产申请、采购、验收、使用、处置等环节的规范，确保国有资产安全、完整。可根据实际情况设置固定资产业务流程、固定资产出租出借业务流程、无形资产业务流程等。

2. 岗位设置

固定资产和无形资产管理业务通常设置使用部门资产管理员、单位资产管理员、审核岗等。使用部门资产管理员设置在单位各固定资产使用部门，负责本部门固定资产日常管理，办理资产领用、登记入账，归集资产申报审批事项材料，监督本部门人员严格按规定使用、保管固定资产，协助资产管理部门资产盘点、清查等；单位资产管理员设置在单位资产管理部门，负责本单位固定资产台账管理，组织资产盘点、清查，处理各部门资产申报审批事项。

3. 业务流程图

业务流程图见图 2—6。

4. 业务环节描述

环节 1：业务部门根据需求提出资产配置计划，经部门负责人审核通过后，提交资产管理部门审核。

环节 2：资产管理部门、财务部门审核业务部门资产配置需求是否有预算，是否符合资产配置标准。

环节 3：资产配置需求审核通过后，资产管理部门根据实际情况组织采购或内部调剂。

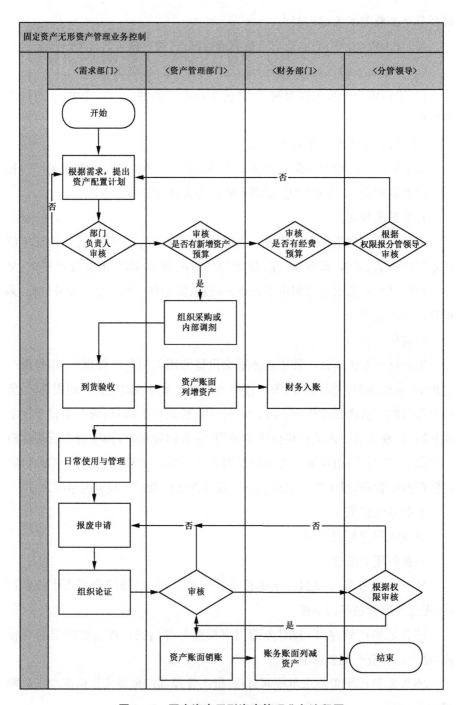

图 2—6　固定资产无形资产管理业务流程图

环节4：固定资产到货验收后，及时办理资产入账手续。

环节5：业务部门资产管理员办理资产领用手续，落实资产使用人后到资产管理部门办理固定资产登记，单位资产管理员登记入账，完成资产交付和入账手续。

环节6：资产使用人领取固定资产后，按规定使用、保管、维护所使用的资产，对资产日常使用管理负全责。

环节7：各部门因发生人事调整或其他因素，需要对固定资产进行变更使用人、调剂其他部门或单位、报废等，由使用人提出申请，各部门资产管理员按要求归集申报材料后提交资产管理部门。

环节8：资产管理部门的单位资产管理员根据申报材料，按权限进行审批后，批复或转批复处理意见至各部门进行实物处理。

环节9：单位资产管理员根据批复和实物处理结果进行资产账调整，同时报送财务部门进行财务账调整，做到账实相符、账账相符。

5. 固定资产和无形资产管理业务的主要风险点

(1)资产管理职责不清，没有明确归口管理部门，没有明确资产的使用和保管责任，可能导致资产毁损、流失或被盗的风险。

(2)资产管理不严，资产领用、发出缺乏严格登记审批制度，没有建立资产台账和定期盘点制度，可能导致资产流失、资产信息失真、账实不符等风险。

(3)未按照国有资产管理相关规定办理资产的调剂、租借、对外投资、处置等业务，可能导致资产配备超标、资源浪费、资产流失、投资遭受损失等风险。

(4)资产日常维护不当、长期闲置，可能导致资产使用年限减少、使用效率低下。

(5)对应当投保的资产不办理投保，不能有效防范资产损失的风险。

6. 固定资产和无形资产管理业务主要控制措施

(1)明确各种资产的归口管理部门，如固定资产由资产管理部门负责、办公用品由办公室负责、工程物资由基建部门负责等。

(2)明确资产使用和保管责任人，落实资产使用人在资产管理中的责任。对于固定资产，应当建立卡片账(实行信息化管理的按信息系统要求处理)，在卡片账上明确资产的使用人、存放地、购买日期、使用寿命、资产价值等内容；

对固定资产应当贴上标签,标签的内容与卡片账类似。贵重资产、危险资产、有保密等特殊要求的资产,应当指定专人保管、专人使用,并规定严格的接触限制条件和审批程序。

(3)按照国有资产管理相关规定,明确资产的调剂、租借、对外投资、处置的程序、审批权限和责任。行政事业单位应当执行国家和地方关于办公用房、办公家具、公务用车等资产的配备标准,严禁超标配置资产。

(4)建立资产台账,加强资产的实物管理。单位应当定期清查盘点资产,确保账实相符。财务、资产管理、资产使用等部门或岗位应当定期对账,发现不符的,应当及时查明原因,并按照相关规定处理。

(5)建立资产信息管理系统,做好资产的统计、报告、分析工作,实现对资产的动态管理。

7. 固定资产和无形资产管理业务流程梳理主要关注事项

主要关注单位是否已建立固定资产和无形资产管理业务相关内控制度,制度是否覆盖固定资产申请、购置、管理、处置等环节,是否覆盖无形资产取得、确认、评估、处置等环节。各关键环节是否覆盖了关键控制点,主要包括:

(1)固定资产管理关键控制点:单位固定资产类别与配置标准;单位固定资产清查范围及程序;单位资产处置标准与审批权限。

(2)无形资产管理关键控制点:单位无形资产类别、登记确认、价值评估及处置。

(三)对外投资业务管理

农业科研院所应当根据国家有关规定加强对对外投资的管理,建立健全对外投资内部管理制度,合理设置岗位,明确相关岗位的职责权限,确保对外投资的可行性研究与评估、对外投资决策与执行、对外投资处置的审批与执行等不相容岗位相互分离。

1. 业务流程简介

本流程主要规范单位国有资产对外投资的业务过程,旨在保证单位国有资产对外投资立项、投资决策、投资实施、跟踪管理等环节的合法合规性。

2. 岗位设置

对外投资业务通常设置经办岗、审核岗。经办岗主要负责收集整理利用单位国有资产对外投资的相关材料、进行可行性论证等；审核岗主要负责对单位对外投资事项的申报材料完整性、项目实施可行性等进行审核。

3.业务流程图

业务流程图见图 2—7。

4.业务环节描述

环节 1：资产管理部门根据国有资产管理办法的相关规定，对单位固定资产对外投资事项进行可行性分析，对拟投资资产进行资产评估或验资，与拟合作方签订合作意向书、协议草案或合同草案，收集整理对外投资申报材料，并对材料的真实性、准确性负责。

环节 2：资产管理部门负责人会同财务部门、内审部门等对经办岗的办理结果进行严格审查，就申报材料的完整性、项目实施的可行性。经审核的对外投资申报材料提交单位领导班子集体决策审议。

环节 3：经单位领导集体决策后，由资产管理部门根据审批权限报批或报备相关材料。

环节 4：根据批复进行对外投资。

环节 5：资产管理部门对单位对外投资事项进行跟踪管理，财务部门及时将投资收益入账，并将年度投资收益报告报资产管理部门及单位领导审核。

5.对外投资业务的主要风险点

(1)未按国家有关规定进行投资，可能导致对外投资失控、国有资产重大损失甚至舞弊。

(2)对外投资决策程序不当，未经集体决策，缺乏充分可行性论证，超过单位的资金实力进行投资，可能导致投资失败和财务风险。

(3)没有明确管理责任、建立科学有效的资产保管制度，没有加强对投资项目的追踪管理，可能导致对外投资被侵吞或者严重亏损。

6.对外投资业务主要控制措施

(1)投资立项控制。单位应当明确投资的管理部门，投资管理部门及其人员应当具备相关的经验和能力；审慎选择对外投资项目，保证对外投资项目符合国家产业政策、单位目标实现和社会需要；对项目可行性要进行严格周密论证，组织专家或者相关中介机构对拟立项的对外投资项目进行分析论证；财务

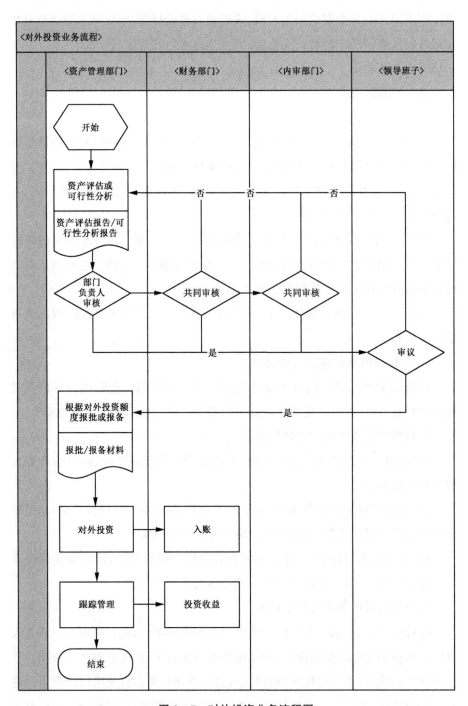

图 2—7 对外投资业务流程图

部门要对投资项目所需资金、预期收益以及投资的安全性等进行测算和分析，确保投资有资金保障。

（2）投资决策控制。单位对外投资应当由单位领导班子集体研究决定后，按国家有关规定履行报批手续。对决策过程中的各种意见应当详细记录并妥善保存，以便明确决策责任。

（3）投资实施控制。投资立项通过以后，应当编制投资计划，严格按照计划确定的项目、进度、时间、金额和方式投出资产。提前或延迟投出资产、变更投资额、改变投资方式、中止投资等，应当经单位领导班子审批。

（4）追踪管理控制。对于股权投资，单位应当指定部门或岗位对投资项目进行跟踪管理，及时掌握被投资单位的财务状况和经营情况，对被投资单位的重要决策、重大经营事项、关键人事变动和收益分配，要及时向单位领导班子汇报。单位应当加强对投资项目的会计核算，及时、全面、准确地记录对外投资的价值变动和投资收益情况。

（5）建立责任追究制度。对在对外投资中出现重大决策失误、未履行集体决策程序和不按规定执行对外投资业务的部门及人员，应当追究相应的责任。

7.对外投资业务流程梳理主要关注事项

主要关注单位是否已建立国有资产管理相关内控制度，制度是否覆盖货币资金管理、无形资产管理、对外投资管理等环节。各关键环节是否覆盖了关键控制点：单位关于《政府投资条例》的具体管理办法；单位对外投资范围、立项及审批权限；单位对外投资价值评估与收益管理。

五、建设项目控制

农业科研院所应当加强建设项目管理，建立健全建设项目内部管理制度，合理设置岗位，明确内部相关部门和岗位的职责权限，确保项目建议和可行性研究与项目决策、概预算编制与审核、项目实施与价款支付、竣工决算与竣工审计等不相容岗位相互分离。

（一）业务流程简介

本流程主要规范单位自行或委托其他单位进行的建造、修缮、安装工程等业务过程，旨在加强建设项目管理，提高工程质量，保证建设项目进度，控制建设项目成本,防范商业贿赂等舞弊行为,包括建设项目的立项控制、实施过程控制、竣工控制及绩效评价控制等。根据单位实际情况,可设置建设项目申报业务、工程招标业务流程、工程洽商业务流程、工程预结算业务流程、工程验收业务流程、建设项目绩效评价业务流程等。

(二)岗位设置

基建项目管理业务流程主要设置经办岗、审核岗。经办岗负责组织年度项目申报,组织专家评审、办理上报请示;审核岗负责对经办岗的办理结果进行审核后报单位领导审批,并上报上级主管部门。

(三)业务流程图

业务流程图见图2—8。

(四)业务环节描述

环节1:基建管理部门根据建设规划和单位年度重点工作,确定年度申报项目,并委托编制可行性研究报告,单位领导决策后上报上级主管部门审批。

环节2:基建管理部门根据立项批复文件委托编制初步设计与概算,单位领导决策后上报上级主管部门审批。

环节3:基建管理部门根据初步设计与概算批复文件,委托开展施工图设计和施工图审查。

环节4:基建管理部门委托开展工程量清单和招标控制价、招标文件编制并审核,单位领导决策后发布招标公告,进行招标,确定中标单位,签订合同,开工建设。

环节5:工程竣工验收合格后,基建管理部门组织专家进行项目初验,完成整改后向上级主管部门申请项目终验。

环节6:基建管理部门根据上级主管部门通知开展项目绩效自评,上级主管部门进行实地复核及评价。

(五)建设项目业务的主要风险点

1.立项缺乏可行性研究或者可行性研究流于形式、决策不当、审核审批不严、盲目上马,可能导致建设项目难以实现预期目标甚至导致项目失败。

2.违规或超标建设楼、堂、馆、所,可能会导致财政资金极大浪费或者单位违纪。

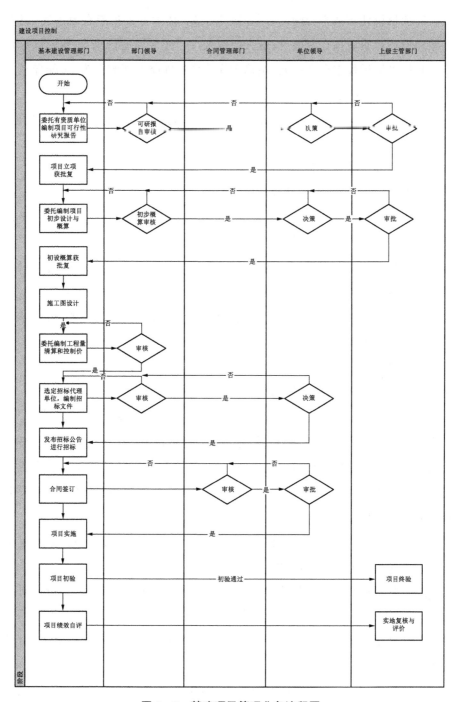

图 2-8　基建项目管理业务流程图

3.项目设计方案不合理,概预算脱离实际,技术方案未能有效落实,可能导致建设项目质量存在隐患、投资失控以及项目建成后运行成本过高等风险。

4.招投标过程中存在串通、暗箱操作或商业贿赂等舞弊行为,可能导致工作违法违规、中标人实际难以胜任等风险。

5.项目变更审核不严格、工程变更频繁,可能导致预算超支、投资失控、工期延误等风险。

6.建设项目价款结算管理不严格,价款结算不及时,项目资金不落实、使用管理混乱,可能导致工程进度延迟或中断、资金损失等风险。

7.竣工验收不规范、最终把关不严,可能导致工程交付使用后存在重大隐患。

8.虚报项目投资完成额、虚列建设成本或者隐匿结余资金,未经竣工财务决算审计,可能导致竣工决算失真等风险。

9.建设项目未及时办理资产及档案移交、资产未及时结转入账,可能导致存在账外资产等风险。

(六)建设项目业务主要控制措施

1.立项、设计与概预算控制。

(1)单位应当建立与建设项目相关的议事决策机制,对项目建议和可行性研究报告的编制、项目决策程序等做出明确规定,确保项目决策科学、合理。建设项目应当经单位领导班子集体研究决定,严禁任何个人单独决策或者擅自改变集体决策意见。决策过程及各方面意见应当形成书面文件,与相关资料一同妥善归档保管。

(2)单位应当择优选取具有相应资质的设计单位,并签订合同,重大建设项目应采用招标方式选取设计单位。

(3)单位应当建立与建设项目相关的审核机制。项目建议书、可行性研究报告、设计方案、概预算等应当由单位内部的规划、技术、财务、法律等相关工作人员或者根据国家有关规定委托具有相应资质的中介机构进行审核,出具评审意见。

2.招标控制。单位应当依据国家有关规定组织建设项目招标工作,并接受有关部门的监督。采取签订保密协议、限制接触等必要措施,确保标底编制、评标等工作在严格保密的情况下进行,保证招标活动的公平、公正和合法、合规。

3.建设项目资金和工程价款支付控制。单位应当按照审批单位下达的投资计划和预算对建设项目资金实行专款专用,严禁截留、挪用和超批复内容使用资金。财务部门应当加强与建设项目承建单位的沟通,准确掌握建设进度,加强价款支付审核,按照规定办理价款结算。实行国库集中支付的建设项目,单位应当按照财政国库管理制度相关规定支付资金。

4.工程变更控制。经批准的投资概算是工程投资的最高限额,未经批准,不得调整和突破。如需调整投资概算,应当按国家有关规定报经批准。单位建设项目工程洽商和设计变更应当按照有关规定履行相应的审批程序。

5.项目记录控制。单位应当加强对建设项目档案的管理,做好相关文件、资料的收集、整理、归档和保管工作。

6.竣工决算控制。建设项目竣工后,单位应当按照规定的时限及时办理竣工决算,组织竣工决算审计,并根据批复的竣工决算和有关规定办理建设项目档案和资产移交等工作。建设项目已实际投入使用但超时限未办理竣工决算的,单位应当根据对建设项目的实际投资暂估入账,转作相关资产管理。

(七)建设项目业务流程梳理主要关注事项

主要关注单位是否已建立建设项目业务管理相关内控制度,制度是否覆盖项目立项、设计与概预算、项目采购管理、项目施工、变更与资金支付、项目验收管理与绩效评价等环节。各关键环节是否覆盖了关键控制点:

1.项目立项、设计与概预算环节关键控制点:单位项目投资评审、立项依据与审批程序。

2.项目采购管理环节关键控制点:单位项目采购范围、方式及程序。

3.项目施工、变更与资金支付环节关键控制点:单位项目分包控制;单位项目变更审批权限及程序。

4.项目验收管理与绩效评价环节关键控制点:单位项目验收主体、内容及程序;单位项目绩效评价形式与内容。

六、合同控制

农业科研院所应当加强合同管理,建立健全合同内部管理制度,合理设置岗位,明确合同授权审批制度,确保合同管理规范有序开展;确定合同归口管理部门,建立财务部门与合同归口管理部门的沟通协调机制,实现合同管理与预算管理、收支管理相结合。

(一)业务流程简介

合同指本单位为开展业务与其他单位或个人协商一致订立的约定相关权利义务的意向书、合同、协议、补充协议以及其他设立、变更、终止民事权利义务关系的法律文件。合同控制业务流程一般涵盖谈判、草拟合同、审核审批、签署合同、执行监督、变更与解除合同、解决合同纠纷以及合同档案管理等。

(二)岗位设置

合同管理业务流程通常设置经办岗、审核岗等岗位。经办岗主要负责合同起草,审核岗包括业务部门负责人、相关职能部门、合同牵头管理部门等,负责合同的审核。单位可设置法律事务室,或外聘常年外聘法律顾问,主要负责法律风险防范机制建设,及对外合同的法律审核工作,合同纠纷处理等。

(三)业务流程图

业务流程图见图2—9。

(四)业务环节描述

环节1:业务部门起草合同,对合同内容、权利义务、金额、违约责任等重要条款一一明确,经过部门负责人审核签字,报相关职能部门审核。

合同起草前涉及招标、竞价、询价的,应当有明确的工作方案,列明招标范围、评标办法等,避免签订合同前产生争议。

环节2:相关职能部门审核。职能部门应该对合同前期工作及合同专用条款等进行审核把关,并对合同内容是否可行提出审核意见。

环节3:财务部门审核,审查是否有预算安排,资金是否到位。

环节4:合同条款审核,由单位合同牵头管理部门对合同条款合法性逐条审核,出具审核意见。

环节5:单位领导审批签字。

环节6:合同签字盖章。合同主体双方签字盖章后,合同履行部门将正式合同一份交合同牵头管理部门存档。

环节7:合同实施。

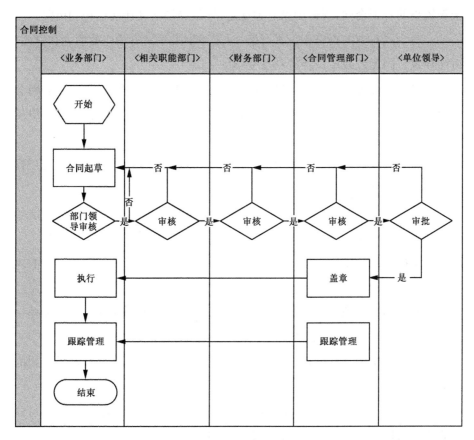

图 2-9　合同控制流程图

环节 8：合同实施过程中，业务部门及合同牵头管理部门应对合同实施情况进行跟踪管理。因故未能执行或未完全执行的，应及时采取应对措施，维护单位权益。

环节 9：合同纠纷处理。如果合同履行过程中发生纠纷，履行部门应积极与对方协商，保护单位合法权益；协商不成，走诉讼程序之前，应提交合同牵头管理部门参与办理。

（五）合同业务的主要风险点

1. 未明确合同订立的范围和条件，对应签订合同的经济活动未订立合同，或者违规签订担保、投资和借贷合同，可能导致单位经济利益受损的风险。

2. 故意将需要招标管理或需要较高级别领导审批的重大合同拆分成标的

金额较小的若干合同,规避国家有关规定,导致经济活动违法违规的风险。

3. 对合同对方的资格审查不严格,对方当事人不具有相应的能力和资质,可能导致合同无效或单位经济利益受损的风险。

4. 对技术性强或法律关系复杂的经济事项,未组织熟悉技术、法律和财会知识的人员参与谈判等相关工作,对合同条款、格式审核不严格,可能使单位面临诉讼或经济利益受损的风险。

5. 未明确授权审批和签署权限,合同专用章保管不善,可能发生未经授权或超越权限对外订立合同的风险。

6. 合同生效后,对合同条款未明确约定的事项没有及时协议补充,可能导致合同无法正常履行的风险。

7. 未按合同约定履行合同,可能导致单位经济利益受损或面临诉讼的风险。

8. 对合同履行缺乏有效监控,未能及时发现问题或采取有效措施弥补损失,可能导致单位经济利益受损的风险。

9. 未按规定的程序办理合同变更、解除等,可能导致单位经济利益受损的风险。

10. 合同及相关资料的登记、流转和保管不善,合同及相关资料丢失,可能导致影响合同正常履行、产生合同纠纷的风险。

11. 合同涉及的国家秘密、工作秘密和商业秘密泄露,可能导致国家或单位利益受损的风险。

12. 合同纠纷处理不当,可能导致单位利益、信誉和形象受损的风险。

(六)合同业务主要控制措施

1. 合同订立控制。单位应当加强对合同订立的管理,明确合同订立的范围和条件。对于影响重大、涉及较高专业技术或法律关系复杂的合同,应当组织法律、技术、财务等工作人员参与谈判,必要时可聘请外部专家参与相关工作。谈判过程中的重要事项和参与谈判人员的主要意见,应当予以记录并妥善保管。单位应当妥善保管和使用合同专用章。严禁未经授权擅自以单位名义对外签订合同,严禁违规签订担保、投资和借贷合同。

2. 合同履行控制。单位应当对合同履行情况实施有效监控。合同履行过程中,因对方或单位自身原因导致可能无法按时履行的,应当及时采取应对措施。单位应当建立合同履行监督审查制度,对合同履行中签订补充合同,或变更、解除合同等应当按照国家有关规定进行审查。财务部门应当根据合同履行情况办理价款结算和进行账务处理。未按照合同条款履约的,财务部门应当在付款之前向单位有关负责人报告。

3.合同登记控制。合同归口管理部门应当加强对合同登记的管理,定期对合同进行统计、分类和归档,详细登记合同的订立、履行和变更情况,实行对合同的全过程管理。与单位经济活动相关的合同应当同时提交财务部门作为账务处理的依据。单位应当加强合同信息安全保密工作,未经批准,不得以任何形式泄露合同订立与履行过程中涉及的国家秘密、工作秘密和商业秘密。

4.合同纠纷控制。单位应当加强对合同纠纷的管理。合同发生纠纷的,单位应当在规定时效内与对方协商谈判。合同纠纷协商一致的,双方应当签订书面协议;合同纠纷经协商无法解决的,经办人员应向单位有关负责人报告,并根据合同约定选择仲裁或诉讼方式解决。

(七)合同业务流程梳理主要关注事项

主要关注单位是否已建立合同业务管理相关内控制度,制度是否覆盖合同拟订与审批、合同履行与监督、合同档案与纠纷管理等环节。各关键环节是否覆盖了关键控制点:

(1)合同拟订与审批环节关键控制点:单位合同审核主体、内容及程序;单位法务或外聘法律顾问介入条件与环节。

(2)合同履行与监督环节关键控制点:单位合同台账设置及管理要求;单位合同章种类、使用权限及使用范围;单位合同执行监督机制。

(3)合同档案与纠纷管理环节关键控制点:单位合同执行归档制度;单位合同纠纷处理程序。

七、其他业务

除上述六类业务控制外,农业科研院所可根据单位经济活动实际情况,按照全面性原则、重要性原则,将其他重要领域或高风险领域纳入单位内部控制体系,比如科研项目管理,"三公"经费管理,成果转化收入管理,专用材料、耗材等物资采购管理,人事业务管理,审计业务管理等等,对经济活动的风险进行有效防范和管控,从而达到内部控制建设的预期目标。

附件1:

内部控制自我评价报告(参考格式)

一、单位基本情况

(一)基本情况

(二)机构、人员情况

(三)行政管理体制

(四)内控建设情况

二、内部控制评价

(一)内部控制概述

内部控制是指单位为实现控制目标,通过制定制度、实施措施和执行程序,对经济活动的风险进行防范和管控,是保障组织权力规范有序、科学高效运行的有效手段,也是组织目标实现的长效保障机制。内部控制的主要内容包括单位层面内部控制和业务层面内部控制,单位层面内部控制与单位整体相关,包括单位的组织机构、决策议事机制、岗位责任制、人力资源政策、单位文化、财务体系和信息技术运用等方面;业务层面内部控制主要包括预算业务控制、收支业务控制、政府采购业务控制、资产控制、建设项目控制、合同控制以及评价与监督等。单位负责人对本单位内部控制的建立健全和有效执行负责。

内部控制的目标是:合理保证单位经济活动合法合规、资产安全和使用有效、财务信息真实完整,有效防范舞弊和预防腐败,提高公共服务的效率和效果。

内部控制的方法主要包括:不相容岗位相互分离、内部授权审批控制、归口管理、预算控制、财产保护控制、会计控制、单据控制以及信息内部公开。

内部控制存在固有的局限性,不能防止和发现错误、疏忽、舞弊、违法违规等行为的可能性。内部控制无论如何有效,都只能为被审计单位实现目标提供合理保证。内部控制实现目标的可能性受其固有限制的影响,这些限制包括:(1)在决策时人为判断可能出现错误和因人为失误而导致内部控制失效;(2)控制可能由于两个或更多的人员串通或管理层不当地凌驾于内部控制之上而被规避;(3)内部行使控制职能的人员素质不适应岗位要求也会影响内部控制功能的正常发挥;(4)实施内部控制的成本效益问题也会影响其效能;(5)内部控制一般都是针对经常且重复发生的业务而设置的,如果出现不经常发生或未预计到的业务,原有控制就可能不适用。

(二)内部控制评价的范围

本次内部控制评价的具体范围为:

1.单位层面:内部控制环境、信息与沟通、评价与监督。

2.业务层面:预算业务控制、收支业务控制、政府采购业务控制、资产控制、建设项目控制、合同控制等。

针对上述内容内部控制的设计和执行情况进行评价,指出内部控制设计和执行中存在的问题并提出相应的建议。

(三)内部控制评价的主要方法

本次内部控制评价采用的方法主要包括:询问、观察、检查、重新执行、穿行测试等。

(四)内部控制缺陷的认定

单位对重大缺陷、重要缺陷及一般缺陷的认定要求。

三、内部控制存在的缺陷及建议

根据单位对重大缺陷、重要缺陷及一般缺陷的认定要求,结合单位规模、行业特征、风险偏好和风险承受度等因素,研究确定了适用于本单位的内部控制缺陷具体认定标准,且与以前年度保持一致。

根据上述认定标准,我们发现报告期内存在××个缺陷,其中重大缺陷××个,重要缺陷××个,一般缺陷××个。分别为:

(一)××。

(二)××。

针对上述缺陷,我们认为应从以下方面进一步采取相应措施加以整改:

(一)××。

(二)××。

四、内部控制评价

单位已根据《行政事业单位内部控制规范(试行)》的要求,对单位截止×年×月×日的内部控制设计与运行的有效性进行了自我评价。

(如存在重大缺陷)报告期内,单位在内部控制设计及运行方面存在尚未完整整改的重大缺陷(描述该缺陷的性质及对其实现相关控制目标的影响程度)。由于存在上述缺陷,可能会给单位未来业务和管理带来相关风险(描述该风险)。

(如不存在重大缺陷)报告期内,单位对纳入评价范围的部门、单位和经济活动均已建立了内部控制,并得以有效执行,达到了单位的内部控制目标,不存在重大缺陷。

五、其他事项说明

第三章　行政事业单位内部控制报告

内部控制报告,是指行政事业单位在年度终了,依据《财政部关于全面推进行政事业单位内部控制建设的指导意见》《行政事业单位内部控制规范(试行)》《行政事业单位内部控制报告管理制度(试行)》的有关要求,结合本单位实际情况编制的、能够综合反映本单位内部控制建立与实施情况的总结性文件。内部控制报告编报工作按照"统一部署、分级负责、逐级汇总、单向报送"的方式,由财政部统一部署,各地区、各垂直管理部门分级组织实施并以自下而上的方式逐级汇总,非垂直管理部门向同级财政部门报送,各行政事业单位按照行政管理关系向上级行政主管部门单向报送。单位主要负责人对本单位内部控制报告的真实性和完整性负责。

2015 年,财政部印发《财政部关于全面推进行政事业单位内部控制建设的指导意见》(财会〔2015〕24 号),要求行政事业单位按照党的十八届四中全会决定关于强化内部控制的精神和《内部控制规范》的具体要求,全面建立、有效实施内部控制,确保内部控制覆盖单位经济和业务活动的全范围,贯穿内部权力运行的决策、执行和监督全过程,规范单位内部各层级的全体人员。意见提出,要建立内控报告制度,促进内控信息公开。针对内部控制建立和实施的实际情况,单位应当按照《内部控制规范》的要求积极开展内部控制自我评价工作。单位内部控制自我评价情况应当作为部门决算报告和财务报告的重要组成内容进行报告。积极推进内部控制信息公开,通过面向单位内部和外部定期公开内部控制相关信息,逐步建立规范有序、及时可靠的内部控制信息公开机制,更好地发挥信息公开对内部控制建设的促进和监督作用。

2017年,财政部印发《财政部关于开展2016年度行政事业单位内部控制报告编报工作的通知》(财会函〔2017〕3号),要求各单位要建立内部控制报告制度,促进内控信息公开,并专门出台《行政事业单位内部控制报告管理制度(试行)》(财会〔2017〕1号),以规范行政事业单位内部控制报告的编制、报送、使用及报告信息质量的监督检查等工作,促进行政事业单位内部控制信息公开,提高内部控制报告质量。

为了做好内控报告编报工作,财政部委托北京久其软件股份有限公司开发了"行政事业单位内部控制报告填报软件",并在2019年由单机版升级为网络版,中央部门和北京、天津、山西、内蒙古、辽宁、上海、江苏、浙江、安徽、福建、河南、湖南、广东、广西、海南、四川、重庆、贵州、陕西、宁夏、青海采取网络版方式,通过IE、Firefox(火狐)、Chrome(谷歌)等主流浏览器登录"财政部统一报表系统"(https://tybb.mof.gov.cn/),不适宜通过网络版报送的单位则下载单机版软件编报。

按照上述要求,自2017年起,农业科研院所开始编报上年度行政事业单位内部控制报告,并逐级汇总上报。

内部控制报告编制以来,财政部也根据编报情况及需求不断调整、完善报告格式,整体来说,内容越来越丰富,数据越来越全面,指标越来越细化。

一、内控报告编报基本要求

(一)提高思想认识,强化组织领导

提高对内部控制报告工作重要性的认识,切实加强组织领导,健全工作机制,明确责任分工,做好内部控制报告的报送工作。同时,要做好内部控制报告与部门决算、政府采购、国有资产报告等工作的统筹协调,确保同口径数据一致。

(二)及时准确编报,加大审核力度

应当根据本单位内部控制建立与实施实际情况,认真编制本单位内部控制报告,并加强审核把关。单位负责人对本单位内部控制报告的真实性和完整性负责。对编报内部控制报告弄虚作假的单位,将追究相关单位和人员的责任。

(三)注重分析总结,加强结果应用

要坚持需求导向和问题导向,结合经济和业务活动风险排查和评估,深入挖掘内部控制报告应用价值,积极开展内部控制报告的专题分析和评价结果的应用工作。针对内部控制报告编制过程中存在的问题,积极开展内部控制问题的整改落实工作,进一步完善内部控制体系,不断提高内部控制工作水平。

二、内部控制报告编制原则

(一)全面性原则

内部控制报告应当包括行政事业单位内部控制的建立与实施、覆盖单位层面和业务层面各类经济业务活动,能够综合反映行政事业单位的内部控制建设情况。

(二)重要性原则

内部控制报告应当重点关注行政事业单位重点领域和关键岗位,突出重点、兼顾一般,推动行政事业单位围绕重点开展内部控制建设,着力防范可能产生的重大风险。

(三)客观性原则

内部控制报告应当立足于行政事业单位的实际情况,坚持实事求是,真实、完整地反映行政事业单位内部控制建立与实施情况。

(四)规范性原则

行政事业单位应当按照财政部规定的统一报告格式及信息要求编制内部控制报告,不得自行修改或删减报告及附表格式。

三、内控报告报送方式

行政事业单位内部控制报告报送采取"逐级汇总、单向报送"的方式。

"逐级汇总"即全国中央、省、市、县、乡五级行政管理区域,各级财政部门负责收集、审核、汇总本地区内控报告,并上报至上级财政部门。本地区报告包括本地区部门内控报告和下级财政部门上报内控报告。中央垂直管理部门应当按照垂直管理要求,审核并汇总本系统所属各级行政事业单位的内部控制报告。

"单向报送"即每一个行政事业单位仅向一个上级主管部门或同级财政部门报送内控报告。基层行政事业单位按照行政管理关系向上级主管部门单向报送,垂直管理部门向上级主管部门单向报送,非垂直管理部门向同级财政部门单向报送,各级财政部门向上级财政部门单向报送。

四、内控报告主要内容

内部控制报告的编报按照预算层级主要分为基层单位内部控制报告和汇总单位内部控制报告。

(一)基层单位内部控制报告

基层单位内控报告主要填报单位层面内部控制建设情况、业务层面内部控制建设情况及内部控制建设中的经验、问题、计划和建议等。

(二)填报要求

此报告由各单位根据本单位内部控制建设情况如实填写。各单位应在2020年度行政事业单位内部控制报告系统中填报相关内容,系统自动生成"2020年行政事业单位内部控制报告"。各单位报送的纸质版内部控制报告仅包括系统自动生成的内部控制报告,附表内容无需报送。

(三)指标解释

以2020年度行政事业单位内部控制报告为例。

1.单位层面内部控制情况

(1)内部控制机构组成情况

①单位内部控制领导小组:根据单位关于成立内部控制领导小组的制度文件勾选。(注:即使与上级主管单位共用一套内部控制领导小组,下级单位也应成立本单位的内部控制领导小组,若未成立,则选择"否"。)

②单位内部控制领导小组负责人:根据单位关于成立内部控制领导小组的制度文件勾选(其中"单位负责人"是指单位党组织负责同志或行政负责人),并填写组长姓名及岗位。

③单位内部控制工作小组:根据单位关于成立内部控制工作小组的制度文件勾选。(注:即使与上级主管单位共用一套内部控制工作小组,下级单位

也应成立本单位的内部控制工作小组,若未成立,则选择"否"。)

④单位内部控制工作小组负责人:根据单位关于成立内部控制工作小组的制度文件勾选,并填写负责人姓名及岗位。

⑤内部控制建设牵头部门:根据单位关于确定内部控制建设牵头部门的制度文件勾选。

⑥内部控制评价与监督部门:根据单位关于内部控制评价与监督的制度文件勾选。若多部门参与评价与监督,仅勾选最主要部门。

(2)内部控制机构运行情况

①本年单位内部控制领导小组会议次数:根据本年单位内部控制领导小组会议纪要填写次数。需上传内部控制领导小组会议纪要作为佐证材料。会议纪要应当做脱敏脱密处理,仅保留与内部控制工作相关的内容。

②本年单位开展内部控制专题培训次数:根据本年单位内部控制实际培训情况填写次数。

③本年单位内部控制风险评估覆盖情况(单位层面):根据本年单位组织开展风险评估工作以及出具的风险评估报告或其他文件,逐项勾选已进行单位层面内部控制风险评估的方面。需上传风险评估报告材料作为佐证材料。

④本年单位内部控制风险评估覆盖情况(业务层面):根据本年单位组织开展风险评估工作以及出具的风险评估报告或其他文件,逐项勾选已进行业务层面内部控制风险评估的方面。需上传风险评估报告材料作为佐证材料。

⑤本年单位是否开展内部控制评价:内部控制评价是指单位自行或者委托第三方对单位内部控制体系建立与实施情况进行检查,并出具评价报告(或同等作用的检查报告)。需上传内部控制评价方案、内部控制评价报告(或检查报告)和内部控制整改方案作为佐证材料。

⑥本年单位内部控制评价结果应用领域:"作为完善内部管理制度的依据"是指单位根据内部控制评价发现的问题,及时更新内部管理制度。"作为监督问责的重要参考依据"是指单位将内部控制评价发现的问题落实到各责任主体,并把评价结果作为监督问责的重要参考依据。"作为领导干部选拔任用的重要参考"是指单位将内部控制评价发现的问题落实到各责任主体,并把评价结果作为领导干部选拔任用的重要指标。

⑦本年单位内部控制评价结果运用效果：根据内部控制评价报告以及整改文件及成果等内容填写，仅考虑与内部控制单位层面及六大经济领域业务的相关内容。

⑧本年单位与内部控制相关的巡视结果运用效果：根据单位巡视报告及巡视整改工作报告等内容填写，仅考虑与内部控制单位层面及六大经济领域业务的相关内容。

⑨本年单位与内部控制相关的纪检监察结果运用效果：根据单位纪检监察报告及整改工作报告等内容填写，仅考虑与内部控制单位层面及六大经济领域业务的相关内容。

⑩本年单位与内部控制相关的审计结果运用效果：根据单位审计报告及整改工作报告等内容填写，仅考虑与内部控制单位层面及六大经济领域业务的相关内容。

（3）权力运行制衡机制建立情况

①分事行权：根据单位内部控制体系实际建设情况勾选。

②分岗设权：根据单位内部控制体系实际建设情况勾选。

③分级授权：根据单位内部控制体系实际建设情况勾选。

④定期轮岗：根据单位内部控制体系实际建设情况勾选。

⑤专项审计：根据不具备定期轮岗的单位对关键岗位实施专项审计的实际情况勾选。

⑥职责明晰：根据单位是否建立领导权力清单、部门责任清单、岗位职责清单勾选。

⑦决策程序：根据单位进行的重大决策程序的实施情况勾选。

（4）政府会计改革

按照国家统一的会计准则制度进行账务处理并编制会计报表，是内部控制实施的重要内容，单位应当建立健全会计核算过程和财务报告编制环节的内部控制制度。

①单位是否应当执行政府会计准则制度：根据单位的实际情况勾选。

②本年单位是否按照政府会计准则制度要求开展预算会计核算和财务会计核算：根据单位年度预算会计核算和财务会计核算情况勾选。

③本年单位是否对固定资产和无形资产计提折旧或摊销：根据单位固定资产和无形资产会计核算实际情况勾选。

④本年编制政府部门财务报告时，部门及所属单位之间发生的经济业务或事项是否在抵销前进行确认：根据本年度政府部门财务报告编制过程中的内部抵销情况勾选。若单位不存在内部抵销事项，则勾选"不适用"。

⑤单位是否将基本建设投资、公共基础设施、保障性住房、政府储备物资、国有文物文化资产等纳入统一账簿进行会计核算：根据单位基本建设投资、公共基础设施、保障性住房、政府储备物资、国有文物文化资产核算实际情况勾选。若单位不存在相关业务，则勾选"不适用"。

2.业务层面内部控制情况

(1)内部控制适用的业务领域

内部控制适用的六大经济业务领域：根据单位内部控制体系对六大经济业务领域的实际适用情况勾选。若内部控制建设覆盖六大业务领域以外的其他业务，可填写具体业务名称。对于不适用的业务领域，应在佐证材料中加以说明，如加盖单位公章的说明资料等。

(2)内部控制业务工作职责分离情况

内部控制业务工作职责分离是指对于各业务环节中的不相容职责，不得由同一人员承担。该指标根据各业务环节中的工作职责安排与岗位设置情况勾选。需上传岗位职责说明书等制度文件作为佐证材料。"不适用"是指单位不存在此项业务环节，应在佐证材料中加以说明，如加盖单位公章的说明资料等。

(3)内部控制业务轮岗情况

《中华人民共和国公务员法》(2017年9月修订)明确提出公务员交流制度，单位应有计划地对关键职位人员实行轮岗交流，明确轮岗周期与轮岗方式。

内部控制业务轮岗情况根据各业务岗位轮换情况填写。重点关注内部控制六大业务领域的归口管理人员轮岗情况。若在单位规定的轮岗周期内未进行过轮岗或专项审计，则选择"轮岗周期内未进行轮岗"。需上传定期轮岗(或专项审计)相关制度、轮岗(或审计)记录表等文件作为佐证材料。

(4)建立健全内部控制制度情况

业务环节(类别)适用情况：根据单位业务环节(类别)的实际适用情况勾

选。"不适用"是指单位不存在此项业务环节(类别)。对于不适用的业务环节(类别),应在佐证材料中加以说明,如加盖单位公章的说明资料等。

是否已建立制度和流程图:根据单位内部控制制度和流程图建立情况勾选。截至 2020 年底单位已经建立对应业务环节(类别)的制度或流程图,勾选"是";若单位尚未建立对应业务环节(类别)的制度或流程图,勾选"否"。

本年是否更新:根据单位本年内部控制制度和流程图更新情况勾选。若单位在以前年度已经建立对应业务环节(类别)的制度或流程图且本年进行过更新,或者单位本年首次建立对应制度或流程图,勾选"是",否则勾选"否"。

制度关键管控点:根据单位内部控制制度内容实际覆盖管控点情况勾选。

佐证材料:需上传各业务的内部控制制度和流程图作为佐证材料。

(5)内部控制制度执行情况

根据单位内部控制管理制度、业务表单与文件、信息系统数据等材料填写。所填数据中,金额类指标以"元"为单位。对于不适用的评价要点,应在佐证材料中加以说明,如加盖单位公章的说明资料等。

各评价要点取数规则如下:

①本年单位事前绩效评估执行情况:"本年新增重大项目数量",是指 2020 年单位新设立的非常态化、非延续性的重大项目数量;"已开展事前绩效评估的本年新增重大项目数量",是指单位组织或由主管部门统一组织的针对 2020 年新设立的重大项目开展事前绩效评估的项目数量。预算项目是指非基本支出的二级预算项目。

②本年单位项目支出绩效目标管理情况:"项目总数",是指经批复的 2020 年单位正在执行的项目数量;"已开展绩效目标管理的项目数量",是指单位 2020 年执行绩效目标管理的项目数量。

③本年单位预算绩效运行监控执行情况:"项目总数"同上;"已开展预算绩效运行监控的项目数量",是指单位针对 2020 年执行项目开展绩效运行监控的项目数量。

④本年单位预算绩效自评执行情况:"项目总数"同上;"已开展预算绩效自评的项目数量",是指单位针对 2020 年执行项目开展绩效自评的项目数量(包括委托第三方开展绩效评价的项目)。

评价要点①～④需上传单位正在执行的预算项目清单作为佐证材料,清单中至少需要包括以下信息:项目名称、项目代码、是否为本年新设立项目、是否已开展事前绩效评估、是否已开展绩效目标管理、是否已开展预算绩效运行监控、是否已开展预算绩效自评。

⑤非税收入管控情况。"应上缴非税收入",是指决算报表的"非税收入征缴情况表"(财决附04表)中纳入预算管理以及纳入财政专户管理的非税收入合计数,即表第2栏次第1行合计数加第7栏次第1行合计数(单位:元);"实际上缴非税收入",是指决算报表的"非税收入征缴情况表"(财决附04表)中纳入预算管理的已缴国库小计数及纳入财政专户管理的已缴财政专户小计数之和,即表第3栏次第1行合计数加第8栏次第1行合计数(单位:元)。

⑥本年支出预决算对比情况。"本年支出预算金额",是指本年决算报表的"收入支出决算总表"(财决01表)中本年支出的调整预算数,即表第8栏次第84行合计数(单位:元);"本年实际支出总额"是指2020年决算报表的"收入支出决算总表"(财决01表)中本年支出的决算数,即表第9栏次第84行合计数(单位:元)。

⑦"三公"经费支出上下年对比情况。"上年'三公'经费决算数",是指2019年决算报表的"机构运行信息表"(财决附03表)中"三公"经费支出的支出合计数,即表第2栏次第2行统计数(单位:元);"本年'三公'经费决算数"是指2020年决算报表的"机构运行信息表"(财决附03表)中"三公"经费支出的支出合计数,即表第2栏次第2行统计数(单位:元)。

⑧政府采购预算完成情况。"本年计划采购金额",是指本年单位预算批复中的政府采购预算金额和采购预算调整金额的合计数(单位:元);"本年实际采购金额"是指实际完成的政府采购金额,即采购决算金额,根据决算报表"机构运行信息表"(财决附03表)第3栏次第40行"政府采购支出合计"的统计数(单位:元)填列。

⑨资产账实相符程度。"年末总资产账面金额",是指单位国有资产报表中资产价值年末数,根据国有资产报表"资产负债表"(财资01表)中第2栏次第1行资产合计期末数(单位:元)填列;"年末资产清查总额",是指单位资产清查报告或盘点表中统计的年末单位资产价值总金额(单位:元)。需上传单

位资产清查报告或盘点表作为佐证材料。

⑩固定资产处置规范程度。"固定资产本期减少额",是指单位国有资产报表中"资产处置情况表"(财资 10 表)中本期减少的固定资产账面原值,即表第 6 栏次第 1 行固定资产原值小计数(单位:元);"固定资产处置审批金额",是指严格按照单位国有资产业务管理制度中规定的资产处置审批权限及程序,实际审批的固定资产处置金额(单位:元)(本指标考核范围不包含固定资产出租出借涉及的金额)。该指标建议参考资产登记表、资产处置审批单、单位国有资产报表中的资产处置情况表等资料填写。需上传审核后的资产处置审批单(审批单数量大于 5 份的单位,抽取 5 份;审批单数量小于或等于 5 份的单位,全部上传)作为佐证材料。

⑪项目投资计划完成情况。"年度投资计划总额",是指以预算年度为统计口径的基本建设类项目计划投资金额(单位:元),该指标建议参考投资计划表、项目概预算表等资料填写;"年度实际投资额",是指本年度决算报表中基本建设类项目支出决算金额,根据决算报表《项目支出决算明细表》(财决 05-2 表)"资本性支出(基本建设)"中第 62 栏次第 1 行小计数(单位:元)填列。需上传投资计划表或项目概预算表(项目数量大于 5 个的单位,抽取 5 份;项目数量小于或等于 5 个的单位,全部上传)作为佐证材料。

⑫合同订立规范情况。"合同订立数",是指单位本年度签订的全部合同个数;"经合法性审查的合同数",是指在已签订的合同中,严格执行审核审批程序的合同,其中具有重大影响的合同需有法务人员参与审批并签字。该指标建议参考合同文本、合同台账等资料填写。需上传审核后的合同申请审批单(合同数量大于 5 份的单位,抽取 5 份;合同数量小于或等于 5 份的单位,全部上传)作为佐证材料。

3.内部控制信息化情况

内部控制信息化建设是指运用信息化手段将内部控制关键点嵌入业务系统中。

(1)单位内部控制信息化覆盖情况:根据单位内部控制信息化建设情况勾选。其中,对于只具有报表编报或信息记录功能的系统(模块),如部门预算管理系统(财政版)、部门决算管理系统、行政事业单位资产管理信息系统(财政版)、政府财务报告管理系统、国库集中支付系统、政府会计核算系统、行政事业单位内部控制报告填报系统、与业务无关的内部控制工作辅助软件等未嵌入单位经济业务及其内部控制流程的系统,不属于内部控制信息化的组成模块。

(2)单位内部控制信息化模块联通情况:根据单位内部控制信息化建设情况勾选。模块联通是指不同业务的系统模块之间的数据信息能够同步更新、实时共享。

(3)是否联通政府会计核算模块:根据单位业务系统与政府会计核算系统之间实际联通情况勾选。

以上三个指标需上传内部控制信息系统设计文档作为佐证材料。

4.本年单位内部控制工作的新做法和新成效

填写本年度单位在建立与实施内部控制的过程中总结出的新的经验与做法,以及在预算业务管理、收支业务管理、政府采购业务管理、国有资产业务管理、建设项目业务管理、合同业务管理等经济业务领域中建立与实施内部控制后取得的新成效。

5.本年单位内部控制工作的新问题或新挑战

填写本年度单位在建立与实施内部控制过程中、开展自我评价过程中以及内控工作过程中发现的新问题或遇到的新挑战。本年度纪检、巡视、审计、财政检查等外部检查发现的与本单位预算业务管理、收支业务管理、政府采购业务管理、国有资产业务管理、建设项目业务管理、合同业务管理等经济业务领域相关的内部控制问题,也应一并反映。

6.对当前行政事业单位内部控制工作的意见或建议

填写基于本年内部控制建设的经验及问题总结,单位对于推进行政事业单位内部控制建设的意见或建议,可以包括但不局限于内部控制建设的组织形式、基本方向、建设难点等内容。

2020年度行政事业单位内部控制报告格式见附件2:2020年度行政事业单位内部控制报告。

(四)汇总单位内控报告

汇总单位内控报告主要填报组织开展内部控制建立与实施工作的总体情况,组织开展内部控制工作的主要方法、经验和做法,开展内部控制工作取得的成效、意见及建议、典型案例,以及自动生成的"地区(部门)行政事业单位内部控制情况汇总表",对所属单位内部控制建设情况进行汇总、分析。

2020年度汇总单位行政事业单位内部控制报告格式见附件3:2020年度地区(部门)行政事业单位内部控制报告。

（五）内部控制报告的自查

从上述指标解释可以看出,内部控制报告中业务层面的相关数据分别取自部门预算、决算报表、政府采购报表、行政事业单位国有资产报告等,因此,财政部明确要求,各单位在编报内部控制报告时,要做好内部控制报告与部门决算、政府采购、行政事业性国有资产报告等工作的统筹协调,确保同口径数据的协调一致性。

2020年增加了"2020年度行政事业单位内部控制报告数据质量自查表"(以下简称"自查表")(详见附件4),从报告材料的规范性、基础数据的规范性、上下年数据变动合理性、业务数据的准确性,同口径数据一致、数值型指标的合理性等方面,要求填报单位进行自我审核。"自查表"明确了内部控制报告相关数据的来源,为报告编报统一了统计口径,收到较好成效。

五、内控报告的应用

根据财政部要求,单位应当加强对本单位内部控制报告的使用,通过对内部控制报告中反映的信息进行分析,及时发现内部控制建设工作中存在的问题,进一步健全制度,提高执行力,完善监督措施,确保内部控制有效实施。各地区、各部门应当加强对行政事业单位内部控制报告的分析,强化分析结果的反馈和使用,切实规范和改进财政财务管理,更好地发挥对行政事业单位内部控制建设的促进和监督作用。

从目前内部控制报告的结构来看,内部控制报告对单位内部控制机构组成情况、运行情况、单位层面内部控制情况、权力运行制衡机制建立情况、政府会计改革情况、内部控制业务工作职责分离情况、内部控制业务轮岗情况、建立健全内部控制制度情况、制度执行情况等指标进行了详细的设置,对单位内部控制建设与运行维护起到了很好的指导作用。

单位应当坚持需求导向和问题导向,积极开展对本单位内部控制报告的分析应用工作,挖掘内部控制报告应用价值,充分展现内部控制工作成效,揭示单位内部控制存在的突出问题和薄弱环节,系统分析经济活动风险隐患,全面梳理查找预算管理、收支管理、政府采购管理、资金存放、资产管理、建设项目管理及合同管理等业务中的风险点。通过编制内部控制报告,认真对照检查,查缺补漏,积极开展内部控制问题的整改落实工作,持续深化推进内控制度建设,着力堵塞风险防控管理漏洞,切实加大风险管控的力度,形成涵盖谋划、决策、审批、实施、监管、绩效等事前事中事后全过程监管体系,采取有力措施确保本单位内部控制体系的建立健全和有效实施,不断提高内部控制工作水平。

附件 2:

2020 年度行政事业单位内部控制报告(基层单位)

单位公章:

单位名称:＿＿＿＿＿＿＿＿＿＿＿

单位负责人:＿＿＿＿＿＿(签章)

分管内控负责人:＿＿＿＿＿(签章)

牵头部门负责人:＿＿＿＿＿(签章)

填表人:＿＿＿＿＿＿＿(签章)

填表部门:＿＿＿＿＿＿＿＿＿

电话号码:＿＿＿＿＿＿＿＿＿

单位地址:＿＿＿＿＿＿＿＿＿

邮政编码:＿＿＿＿＿＿＿＿

报送日期:＿＿＿＿年＿＿月＿＿日

组织机构代码:□□□□□□□□□	隶属关系(国家标准:隶属关系－部门标识代码): □□□□□□□□□
单位预算级次:□	单位财政预算代码: □□□□□□□□□□□□□□□□□□□
单位基本性质:□□ (10.行政单位 21.参照公务员法管理事业单位 22.财政补助事业单位 23.经费自理事业单位 90.其他单位)	预算管理级次:□□ (10.中央级 20.省级 30.地(市)级 40.县级 50.乡镇级 90.非预算单位)
单位所在地区(国家标准:行政区划代码):□□□□□□	支出功能分类:
年末在职人数:	
第一部分:单位内部控制情况总体评价	

续表

本单位内控总体运行情况			
第二部分：单位内部控制总体成果			
一、单位层面内部控制情况			
(一)内部控制机构组成情况			
1.单位内部控制领导小组	是/否	2.单位内部控制领导小组负责人	单位负责人/分管财务领导/其他分管领导负责人姓名及岗位.
3.单位内部控制工作小组	是/否	4.单位内部控制工作小组负责人	行政管理部门负责人/财务部门负责人/内审部门负责人/其他负责人姓名及岗位:
5.内部控制建设牵头部门	行政管理部门/财务部门/内审部门/纪检监察部门/其他部门/未设置	6.内部控制评价与监督部门	行政管理部门/财务部门/内审部门/纪检监察部门/其他部门/未设置
(二)内部控制机构运行情况			
1.本年单位内部控制领导小组会议次数		2.本年单位开展内部控制专题培训次数	
3.本年单位内部控制风险评估覆盖情况(单位层面)	未评估/组织架构/运行机制/关键岗位/制度体系/信息系统	4.本年单位内部控制风险评估覆盖情况(业务层面)	未评估/预算业务/收支业务/政府采购业务/国有资产业务/建设项目业务/合同业务/其他业务
5.本年单位是否开展内部控制评价	是/否	6.本年单位内部控制评价结果应用领域	作为完善内部管理制度的依据/作为监督问责的重要参考依据/作为领导干部选拔任用的参考/其他
7.本年单位内部控制评价结果运用效果	内部控制评价发现的内部控制相关问题总数： 针对发现的问题通过内部控制体系调整优化及严格执行进行整改的问题数量： 整改完成情况：		
8.本年单位与内部控制相关的巡视结果运用效果	巡视发现的内部控制相关问题总数： 针对发现的问题通过内部控制体系调整优化及严格执行进行整改的问题数量： 整改完成情况：		
9.本年单位与内部控制相关的纪检监察结果运用效果	纪检监察发现的内部控制相关问题总数： 针对发现的问题通过内部控制体系调整优化及严格执行进行整改的问题数量： 整改完成情况：		
10.本年单位与内部控制相关的审计结果运用效果	审计发现的内部控制相关问题总数： 针对发现的问题通过内部控制体系调整优化及严格执行进行整改的问题数量： 整改完成情况：		
(三)权力运行制衡机制建立情况			
1.分事行权	是/否	2.分岗设权	是/否
3.分级授权	是/否	4.定期轮岗	是/否
5.专项审计	是/否	6.职责明晰	是/否
7.决策程序	是/否		
(四)政府会计改革			
1.单位是否应当执行政府会计准则制度	是/否	2.本年单位是否按照政府会计准则制度要求开展预算会计核算和财务会计核算	是/否

3.本年单位是否对固定资产和无形资产计提折旧或摊销	是/否	4.本年编制政府部门财务报告时,部门及所属单位之间发生的经济业务或事项是否在抵销前进行确认	是/否/不适用
5.单位是否将基本建设投资、公共基础设施、保障性住房、政府储备物资、国有文物文化资产等纳入统一账簿进行会计核算	基本建设投资:是/否/不适用 保障性住房:是/否/不适用 国有文物文化资产:是/否/不适用	公共基础设施:是/否/不适用 政府储备物资:是/否/不适用	

二、业务层面内部控制情况

(一)内部控制适用的业务领域

1.内部控制适用的六大经济业务领域	预算业务管理/收支业务管理/政府采购业务管理/国有资产业务管理/建设项目业务管理/合同业务管理	2.内部控制适用的其他业务领域	

(二)内部控制业务工作职责分离情况

1.预算业务管理	预算编制与审核分离/预算审批与执行分离/预算执行与分析分离/决算编制与审核分离/不适用
2.收支业务管理	收款与会计核算分离/支出申请与审批分离/支出审批与付款分离/业务经办与会计核算分离/不适用
3.政府采购业务管理	采购需求提出与审核分离/采购方式确定与审核分离/采购执行与验收分离/采购验收与登记分离/不适用
4.国有资产业务管理	货币资金保管、稽核与账目登记分离/资产财务账与实物账分离/资产保管与清查分离/对外投资立项申报与审核分离/不适用
5.建设项目业务管理	项目立项申请与审核分离/概预算编制与审核分离/项目实施与价款支付分离/竣工决算与审计分离/不适用
6.合同业务管理	合同的拟订与审核分离/合同文本订立与合同章管理分离/合同订立与登记台账分离/合同执行与监督分离/不适用

(三)内部控制业务轮岗情况

1.预算业务管理	轮岗周期内已轮岗/轮岗周期内未进行轮岗
2.收支业务管理	同上
3.政府采购业务管理	同上
4.国有资产业务管理	同上
5.建设项目业务管理	同上
6.合同业务管理	同上

(四)建立健全内部控制制度情况

业务类型	环节(类别)	是否适用	是否已建立制度和流程图	本年是否更新	制度关键管控点
预算业务管理	1.预算编制与审核	是/否	建立制度:是/否 建立流程图:是/否	更新制度:是/否 更新流程:是/否	1.单位预算项目库入库标准与动态管理 2.单位预算编制主体、程序及标准 3.单位重大或新增预算项目评审程序

预算业务管理	2.预算执行与调整	同上	同上	同上	1.单位预算执行分析次数、内容及结果应用 2.单位预算调整主体、程序及标准 3.单位直达资金预算执行分析和使用监督
	3.决算管理	同上	同上	同上	1.单位决算编制主体、程序及标准 2.单位决算分析报告内容与应用机制
	4.绩效管理	同上	同上	同上	1.单位预算绩效目标编制与审核,项目预算绩效目标编制与审核 2.单位预算项目绩效执行主体、程序及标准 3.单位预算项目绩效运行监控 4.单位绩效评价主体、程序及结果应用
收支业务管理	1.收入管理	同上	同上	同上	1.单位财政收入种类与收缴管理
	2.财政票据管理	同上	同上	同上	1.单位财政票据申领、使用保管及核销
	3.支出管理	同上	同上	同上	1.单位支出范围与标准 2.单位各类支出审批权限
	4.公务卡管理	同上	同上	同上	1.单位公务卡结算范围及报销程序 2.单位公务卡办卡及销卡管理
政府采购业务管理	1.采购申请与审核	同上	同上	同上	1.单位采购审核分级授权机制 2.单位业务归口部门与财务归口部门审核内容
	2.采购组织形式确定	同上	同上	同上	1.单位政府集中采购组织形式及范围标准 2.单位自行采购组织形式及范围标准
	3.采购方式确定及变更	同上	同上	同上	1.单位采购方式确定及变更的主体、权限、程序
	4.采购验收	同上	同上	同上	1.单位采购验收主体、程序及结果应用
国有资产业务管理	1.货币资金管理	同上	同上	同上	1.单位银行账户类型,开立、变更、撤销程序及年检
	2.固定资产管理	同上	同上	同上	1.单位固定资产类别与配置标准 2.单位固定资产清查范围及程序 3.单位资产处置标准与审批权限
	3.无形资产管理	同上	同上	同上	1.单位无形资产类别、登记确认、价值评估及处置
	4.对外投资管理	同上	同上	同上	1.单位关于《政府投资条例》的具体管理办法 2.单位对外投资范围、立项及审批权限 3.单位对外投资价值评估与收益管理

建设项目业务管理	1.项目立项、设计与概预算	同上	同上	同上	1.单位项目投资评审、立项依据与审批程序
	2.项目采购管理	同上	同上	同上	1.单位项目采购范围、方式及程序
	3.项目施工、变更与资金支付	同上	同上	同上	1.单位项目分包控制 2.单位项目变更审批权限及程序
	4.项目验收管理与绩效评价	同上	同上	同上	1.单位项目验收主体、内容及程序 2.单位项目绩效评价形式与内容
合同业务管理	1.合同拟订与审批	同上	同上	同上	1.单位合同审核主体、内容及程序 2.单位法务或外聘法律顾问介入条件与环节
	2.合同履行与监督	同上	同上	同上	1.单位合同台账设置及管理要求 2.单位合同章种类、使用权限及使用范围 3.单位合同执行监督机制
	3.合同档案与纠纷管理	同上	同上	同上	1.单位合同执行归档制度 2.单位合同纠纷处理程序
其他业务领域管理		同上	同上	同上	

（五）内部控制制度执行情况

评价要点	是否适用	数据一	数值	数据二	数值	执行率
1.本年单位事前绩效评估执行情况	是/否	本年新增重大项目数量		已开展事前绩效评估的本年新增重大项目数量		
2.本年单位项目支出绩效目标管理情况	是/否	项目总数		已开展绩效目标管理的项目数量		
3.本年单位预算绩效运行监控执行情况	是/否	项目总数		已开展预算绩效运行监控的项目数量		
4.本年单位预算绩效自评执行情况	是/否	项目总数		已开展预算绩效自评的项目数量		
5.非税收入管控情况	是/否	应上缴非税收入金额		实际上缴非税收入金额		
6.本年支出预决算对比情况	是/否	本年支出预算金额		本年实际支出总额		
7."三公"经费支出上下年对比情况	是/否	上年"三公"经费决算数		本年"三公"经费决算数		
8.政府采购预算完成情况	是/否	本年计划采购金额		本年实际采购金额		
9.资产账实相符程度	是/否	年末总资产账面金额		年末资产清查总额		
10.固定资产处置规范程度	是/否	固定资产本期减少额		固定资产处置审批金额		
11.项目投资计划完成情况	是/否	年度投资计划总额		年度实际投资额		
12.合同订立规范情况	是/否	合同订立数		经合法性审查的合同数		

续表

三、内部控制信息化情况			
1.单位内部控制信息化覆盖情况	预算业务管理/收支业务管理/政府采购业务管理/国有资产业务管理/建设项目业务管理/合同业务管理/其他/未覆盖	2.单位内部控制信息化模块联通情况	内部控制信息化实现互联互通模块
3.是否联通政府会计核算模块	是/否		
四、本年单位内部控制工作的新做法和新成效			
五、本年单位内部控制工作的新问题或新挑战			
六、对当前行政事业单位内部控制工作的意见或建议			

第三部分：单位内部控制存在的问题和建议

问题领域	问题分类	存在问题	完善建议
单位层面	1.内部控制机构组成		
	2.内部控制机构运行		
	3.权力运行制衡机制建立		
	4.政府会计改革		
预算业务管理	1.工作职责分离		
	2.定期轮岗		
	3.建立健全内部控制制度		
	4.内部控制制度执行		
收支业务管理	1.工作职责分离		
	2.定期轮岗		
	3.建立健全内部控制制度		
	4.内部控制制度执行		
政府采购业务管理	1.工作职责分离		
	2.定期轮岗		
	3.建立健全内部控制制度		
	4.内部控制制度执行		

国有资产业务管理	1.工作职责分离		
	2.定期轮岗		
	3.建立健全内部控制制度		
	4.内部控制制度执行		
建设项目业务管理	1.工作职责分离		
	2.定期轮岗		
	3.建立健全内部控制制度		
	4.内部控制制度执行		
合同业务管理	1.工作职责分离		
	2.定期轮岗		
	3.建立健全内部控制制度		
	4.内部控制制度执行		
信息化	1.信息系统覆盖		
	2.信息系统互联互通		

附件 3:

2020 年度地区(部门)行政事业单位内部控制报告(汇总单位填报)

单位公章:

单位名称:＿＿＿＿＿＿＿＿＿

单位负责人:＿＿＿＿＿＿(签章)

分管内控负责人:＿＿＿＿(签章)

牵头部门负责人:＿＿＿＿(签章)

填表人:＿＿＿＿＿(签章)

填表部门:＿＿＿＿＿＿＿＿

电话号码:＿＿＿＿＿＿＿＿

单位地址:＿＿＿＿＿＿＿＿

邮政编码:＿＿＿＿＿＿＿＿

报送日期:＿＿＿＿ 年 月 日

地区(部门)名称	
汇总的单位数	
预算管理层级	(10.中央级 20.省级 30.地(市)级 40.县级 50.乡镇级 90.非预算单位)

××地区(部门)行政事业单位内部控制报告

为贯彻落实《财政部关于全面推进行政事业单位内部控制建设的指导意见》(财会〔2015〕24 号)的有关精神,依据《行政事业单位内部控制规范(试行)》(财会〔2012〕21 号)和《行政事业单位内部控制报告管理制度(试行)》(财会〔2017〕1 号)的有关规定,现将本地区(部门)2020 年行政事业单位内部控制工作情况报告如下:

一、组织开展内部控制建立与实施工作的总体情况

(一)本地区(部门)对内部控制建立与实施工作的组织及部署情况。

(二)所属单位的落实及执行情况等。

二、组织开展内部控制工作的主要方法、经验和做法

(一)地区(部门)层面工作协调机制的建立情况。

(二)地区(部门)层面组织开展内部控制工作的工作方案。

(三)地区(部门)层面的内部控制评价与监督情况。

(四)在组织本地区(部门)所属单位建立与实施内部控制的过程中总结出的经验、做法等。

三、开展内部控制工作取得的成效

(一)本地区(部门)在提升内部控制意识及管理水平上的整体成效。

(二)本地区(部门)在预算业务管理、收支业务管理、政府采购业务管理、资产管理、建设项目管理及合同管理六大经济业务领域中建立与实施内部控制后取得的整体成效。

(三)本地区(部门)在内部控制评价与监督中取得的整体成效。

四、意见及建议

本地区(部门)所属单位在内部控制推进过程中提出的对内部控制工作的意见及建议。

五、典型案例

本地区(部门)按单位类别(行政单位、教育事业单位、科学事业单位、文化事业单位、卫生事业单位、其他单位)推荐可复制、可推广的行政事业单位内部控制建立与实施典型案例,包括单位名称及案例名称,以上六种类型单位的案例每一类不超过 3 家。

附表:地区(部门)行政事业单位内部控制情况汇总表(2020)

地区(部门)行政事业单位内部控制情况汇总表(2020)

一、单位层面内部控制情况
(一)内部控制机构组成情况(单位数)

1.是否成立内部控制领导小组	是：_____ 否：_____
2.内部控制领导小组负责人情况	单位负责人：_____ 分管财务领导：_____ 其他分管领导：_____
3.是否成立内部控制工作小组	是：_____ 否：_____
4.内部控制工作小组负责人情况	行政管理部门负责人：_____ 财务部门负责人：_____ 内审部门负责人：_____ 其他：_____
5.内部控制建设牵头部门情况	行政管理部门：_____ 财务部门：_____ 内审部门：_____ 纪检监察部门：_____ 其他部门：_____ 未设置：_____
6.内部控制评价与监督部门情况	行政管理部门：_____ 财务部门：_____ 内审部门：_____ 纪检监察部门：_____ 其他部门：_____ 未设置：_____
(二)内部控制机构运行情况	
1.本年单位内部控制领导小组会议次数	汇总数：_____ 平均数：_____ 2.本年单位开展内部控制专题培训次数 汇总数：_____ 平均数：_____
3.本年内部控制风险评估覆盖情况（单位数)	单位层面： 未评估：_____组织架构：_____ 运行机制：_____关键岗位：_____ 制度体系：_____信息系统：_____ 业务层面： 未评估：_____预算业务：_____收支业务：_____ 政府采购业务：_____国有资产业务：_____ 建设项目业务：_____合同业务：_____ 其他业务：_____
4.本年单位是否开展内部控制评价（单位数)	是：_____ 否：_____
5.本年单位内部控制评价结果应用领域（单位数)	作为完善内部管理制度的依据：_____ 作为监督问责的重要参考依据：_____ 作为领导干部选拔任用的重要参考：_____ 其他：_____
6.内部控制评价及与内部控制相关的巡视、纪检监察和审计结果运用效果	内部控制评价发现的内部控制相关问题总数：_____ 平均数：_____ 针对发现的问题通过内部控制体系调整优化及严格执行进行整改的问题总数：_____ 平均数：_____ 整改完成情况（整改的问题总数/问题总数)：_____
	巡视发现的内部控制相关问题总数：_____ 平均数：_____ 针对发现的问题通过内部控制体系调整优化及严格执行进行整改的问题总数：_____ 平均数：_____ 整改完成情况（整改的问题总数/问题总数)：_____
	纪检监察发现的内部控制相关问题总数：_____ 平均数：_____ 针对发现的问题通过内部控制体系调整优化及严格执行进行整改的问题总数：_____ 平均数：_____ 整改完成情况（整改的问题总数/问题总数)：_____
	审计发现的内部控制相关问题总数：_____ 平均数：_____ 针对发现的问题通过内部控制体系调整优化及严格执行进行整改的问题总数：_____ 平均数：_____ 整改完成情况（整改的问题总数/问题总数)：_____
(三)权力集中的重点领域和关键岗位建立制衡机制的情况（单位数)	
1.分事行权	对经济活动、业务活动和内部权力运行活动的决策、执行、监督,是否明确分工、相互分离、分别行权 是：_____ 否：_____
2.分岗设权	对涉及经济活动、业务活动和内部权力运行活动的相关岗位,是否依职定岗、分岗定权、权责明确 是：_____ 否：_____
3.分级授权	对管理层级和相关岗位,是否分别授权,明确授权范围、授权对象、授权期限、授权与行权责任、一般授权与特殊授权界限 是：_____ 否：_____

4.定期轮岗	对重点领域的关键岗位,是否建立干部交流和定期轮岗制度	是:_____ 否:_____
5.专项审计	对不具备轮岗条件的岗位或人员的业务活动,是否进行专项审计	是:_____ 否:_____
6.职责明晰	是否建立领导权力清单、部门职责清单和岗位责任清单	是:_____ 否:_____
7.决策程序	对重大行政决策事项,是否实施公众参与、专家论证、风险评估、合法性审查和集体讨论决定五个法定程序	是:_____ 否:_____

(四)政府会计改革(单位数)

1.单位是否应当执行政府会计准则制度	是:_____ 否:_____	2.本年单位是否按照政府会计准则制度要求开展预算会计核算和财务会计核算	是:_____ 否:_____
3.本年单位是否对固定资产和无形资产计提折旧或摊销	是:_____ 否:_____	4.本年编制政府部门财务报告时,部门及所属单位之间发生的经济业务或事项是否在抵销前进行确认	是:_____ 否:_____ 不适用:_____
5.单位是否将基本建设投资、公共基础设施、保障性住房、政府储备物资、国有文物文化资产等纳入统一账簿进行会计核算	基本建设投资:是:_____　否:_____　不适用:_____ 公共基础设施:是:_____　否:_____　不适用:_____ 保障性住房:是:_____　否:_____　不适用:_____ 政府储备物资:是:_____　否:_____　不适用:_____ 国有文物文化资产:是:_____　否:_____　不适用:_____		

二、业务层面内部控制情况

(一)内部控制适用的业务领域(单位数)

预算业务管理	收支业务管理	政府采购业务管理	国有资产业务管理	建设项目业务管理	合同业务管理
是:_____ 否:_____	是:_____ 否:_____	是:_____ 否:_____	是:_____ 否:_____	是:_____ 否:_____	是:_____ 否:_____

其他适用的业务领域	是:_____　否:_____

(二)内部控制六大业务工作职责及其分离情况(单位数)

预算业务管理	收支业务管理	政府采购业务管理	国有资产业务管理	建设项目业务管理	合同业务管理
建立预算管理岗位职责说明书 是:_____ 否:_____ 不适用:_____	建立收支管理岗位职责说明书 是:_____ 否:_____ 不适用:_____	建立政府采购管理岗位职责说明书 是:_____ 否:_____ 不适用:_____	建立国有资产管理岗位职责说明书 是:_____ 否:_____ 不适用:_____	建立建设项目管理岗位职责说明书 是:_____ 否:_____ 不适用:_____	建立合同管理岗位职责说明书 是:_____ 否:_____ 不适用:_____
1.预算编制与审核 是:_____ 否:_____ 不适用:_____	1.收款与会计核算 是:_____ 否:_____ 不适用:_____	1.采购需求提出与审核 是:_____ 否:_____ 不适用:_____	1.货币资金保管、稽核与账目登记 是:_____ 否:_____ 不适用:_____	1.项目立项申请与审核 是:_____ 否:_____ 不适用:_____	1.合同拟订与审核 是:_____ 否:_____ 不适用:_____
2.预算审批与执行 是:_____ 否:_____ 不适用:_____	2.支出申请与审批 是:_____ 否:_____ 不适用:_____	2.采购方式确定与审核 是:_____ 否:_____ 不适用:_____	2.资产财务账与实物账 是:_____ 否:_____ 不适用:_____	2.概预算编制与审核 是:_____ 否:_____ 不适用:_____	2.合同文本订立与合同章管理 是:_____ 否:_____ 不适用:_____

3. 预算执行与分析	3. 支出审批与付款	3. 采购执行与验收	3. 资产保管与清查	3. 项目实施与价款支付	3. 合同订立与登记台账
是：_____ 否：_____ 不适用：____	是：_____ 否：_____ 不适用：____	是：_____ 否：_____ 不适用：_____	是：_____ 否：_____ 不适用：_____	是：_____ 否：_____ 不适用：_____	是：_____ 否：_____ 不适用：_____
4. 决算编制与审核	4. 业务经办与会计核算	4. 采购验收与登记	4. 对外投资立项申报与审核	4. 竣工决算与审计	4. 合同执行与监督
是：_____ 否：_____ 不适用：____	是：_____ 否：_____ 不适用：____	是：_____ 否：_____ 不适用：_____	是：_____ 否：_____ 不适用：_____	是：_____ 否：_____ 不适用：_____	是：_____ 否：_____ 不适用：_____

(三)内部控制业务轮岗情况(单位数)

预算业务管理	收支业务管理	政府采购业务管理	国有资产业务管理	建设项目业务管理	合同业务管理
轮岗周期内已轮岗：_____ 轮岗周期内未进行轮岗：_____	轮岗周期内已轮岗：_____ 轮岗周期内未进行轮岗：_____	轮岗周期内已轮岗：_____ 轮岗周期内未进行轮岗：_____	轮岗周期内已轮岗：_____ 轮岗周期内未进行轮岗：_____	轮岗周期内已轮岗：_____ 轮岗周期内未进行轮岗：_____	轮岗周期内已轮岗：_____ 轮岗周期内未进行轮岗：_____

(四)建立健全内部控制制度情况(单位数)

业务类型	环节(类别)	是否适用	是否建立制度和流程图	本年是否更新	制度关键管控点
预算业务管理	1. 预算编制与审核	是：_____ 否：_____	建立制度 是：_____ 否：_____ 建立流程图 是：____ 否：____	更新制度 是：_____ 否：_____ 更新流程图 是：____ 否：____	1. 单位预算项目库入库标准与动态管理：_____ 2. 单位预算编制主体、程序及标准：_____ 3. 单位重大或新增预算项目评审程序：_____
	2. 预算执行与调整	同上	同上	同上	1. 单位预算执行分析次数、内容及结果应用：_____ 2. 单位预算调整主体、程序及标准：_____ 3. 单位直达资金预算执行分析和使用监督：_____
	3. 决算管理	同上	同上	同上	1. 单位决算编制主体、程序及标准：_____ 2. 单位决算分析报告内容与应用机制：_____
	4. 绩效管理	同上	同上	同上	1. 单位预算绩效目标编制与审核，项目预算绩效目标编制与审核：_____ 2. 单位预算项目绩效执行主体、程序及标准：_____ 3. 单位预算项目绩效运行监控：_____ 4. 单位绩效评价主体、程序及结果应用：_____
收支业务管理	1. 收入管理	同上	同上	同上	1. 单位财政收入种类与收缴管理：_____
	2. 财政票据管理	同上	同上	同上	1. 单位财政票据申领、使用保管及核销：_____
	3. 支出管理	同上	同上	同上	1. 单位支出范围与标准：_____ 2. 单位各类支出审批权限：_____

收支业务管理	4.公务卡管理	同上	同上	同上	1.单位公务卡结算范围及报销程序：_____ 2.单位公务卡办卡及销卡管理：_____
政府采购业务管理	1.采购申请与审核	同上	同上	同上	1.单位采购审核分级授权机制：_____ 2.单位业务归口部门与财务归口部门审核内容：_____
	2.采购组织形式确定	同上	同上	同上	1.单位政府集中采购组织形式及范围标准：_____ 2.单位自行采购组织形式及范围标准：_____
	3.采购方式确定及变更	同上	同上	同上	1.单位采购方式确定及变更的主体、权限、程序：_____
	4.采购验收	同上	同上	同上	1.单位采购验收主体、程序及结果应用：_____
国有资产业务管理	1.货币资金管理	同上	同上	同上	1.单位银行账户类型、开立、变更、撤销程序及年检：_____
	2.固定资产管理	同上	同上	同上	1.单位固定资产类别与配置标准：_____ 2.单位固定资产清查范围及程序：_____ 3.单位资产处置标准与审批权限：_____
	3.无形资产管理	同上	同上	同上	1.单位无形资产类别、登记确认、价值评估及处置：_____
	4.对外投资管理	同上	同上	同上	1.单位关于《政府投资条例》的具体管理办法：_____ 2.单位对外投资范围、立项及审批权限：_____ 3.单位对外投资价值评估与收益管理：_____
建设项目业务管理	1.项目立项、设计与概预算	同上	同上	同上	1.单位项目投资评审、立项依据与审批程序：_____
	2.项目采购管理	同上	同上	同上	1.单位项目采购范围、方式及程序：_____
	3.项目施工、变更与资金支付	同上	同上	同上	1.单位项目分包控制：_____ 2.单位项目变更审批权限及程序：_____
	4.项目验收管理与绩效评价	同上	同上	同上	1.单位项目验收主体、内容及程序：_____ 2.单位项目绩效评价形式与内容：_____

合同业务管理	1.合同拟订与审批	同上	同上	同上	1.单位合同审核主体、内容及程序：_____ 2.单位法务或外聘法律顾问介入条件与环节：_____
	2.合同履行与监督	同上	同上	同上	1.单位合同台账设置及管理要求：_____ 2.单位合同章种类、使用权限及使用范围：_____ 3.单位合同执行监督机制：_____
	3.合同档案与纠纷管理	同上	同上	同上	1.单位合同执行归档制度：_____ 2.单位合同纠纷处理程序：_____
其他业务领域管理		同上	同上	同上	

(五)内部控制制度执行情况

评价要点	不适用	数据一	数值	数据二	数值	执行率
1.本年单位事前绩效评估执行情况	(单位数)	本年新增重大项目数量	(汇总数)	已开展事前绩效评估的本年新增重大项目数量	(汇总数)	
2.本年单位项目支出绩效目标管理情况	(单位数)	项目总数	(汇总数)	已开展绩效目标管理的项目数量	(汇总数)	
3.本年单位预算绩效运行监控执行情况	(单位数)	项目总数	(汇总数)	已开展预算绩效运行监控的项目数量	(汇总数)	
4.本年单位预算绩效自评执行情况	(单位数)	项目总数	(汇总数)	已开展预算绩效自评的项目数量	(汇总数)	
5.非税收入管控情况	(单位数)	应上缴非税收入金额	(汇总数)	实际上缴非税收入金额	(汇总数)	
6.本年支出预决算对比情况	(单位数)	本年支出预算金额	(汇总数)	本年实际支出总额	(汇总数)	
7."三公"经费支出上下年对比情况	(单位数)	上年"三公"经费决算数	(汇总数)	本年"三公"经费决算数	(汇总数)	
8.政府采购预算完成情况	(单位数)	本年计划采购金额	(汇总数)	本年实际采购金额	(汇总数)	
9.资产账实相符程度	(单位数)	年末总资产账面金额	(汇总数)	年末资产清查总额	(汇总数)	
10.固定资产处置规范程度	(单位数)	固定资产本期减少额	(汇总数)	固定资产处置审批金额	(汇总数)	
11.项目投资计划完成情况	(单位数)	年度投资计划总额	(汇总数)	年度实际投资额	(汇总数)	
12.合同订立规范情况	(单位数)	合同订立数	(汇总数)	经合法性审查的合同数	(汇总数)	

三、内部控制信息化情况(单位数)

1.单位内部控制信息化覆盖情况	预算业务管理：_____ 收支业务管理：_____ 政府采购业务管理：_____ 国有资产业务管理：_____ 建设项目业务管理：_____ 合同业务管理：_____ 其他：_____ 未覆盖：_____

续表

| 2.单位内部控制信息化互联互通实现情况 | 内部控制信息化模块联通:是:_____　否:_____ |
| | 是否联通政府会计核算模块:是:_____　否:_____ |

附件4:

2020 年度行政事业单位内部控制报告数据质量自查表

编制地区(部门):_____　记录人:_____　审核人:_____　报送日期:_____

审核指标		审核要求	审核结果	情况说明
一、报告材料的规范性	报告编制符合规定格式,报送手续齐全	报告材料完整,数据填列齐全,装订规范,不得缺少张页;报告封面指标填列完整,正式行文报送时需经部门主要负责人签字或盖章,并加盖单位行政公章	审核通过/审核不通过	
二、基础数据的规范性	(一)电子树形结构规范、清晰	应按照预算管理级次,逐级建立内控报告数据的树形结构,不存在树形外的单位节点	树形结构清晰/树形结构混乱	
	(二)报告内容规范,不存在超出枚举范围的下拉选择项内容	报告中存在大量下拉选择项,须保证单位填录内容在下拉选项的枚举范围内	审核通过/审核不通过	
	(三)公式审核无误,勾稽关系准确	表内、表间勾稽关系正确,无技术性错误	公式审核无误/部分单位存在审核错误	
	(四)隶属关系与实际预算管理级次一致	"隶属关系"按照单位实际预算管理级次填写,县级所属单位,隶属关系全部为该县;市级单位,隶属关系全部为该市(代码后2位为"00");省级单位,隶属关系全部为该省(代码后4位为"0000");中央单位,隶属关系全部为中央	审核通过/审核不通过	
三、上下年数据变动合理性	(一)报送户数变动合理	上下年度数据衔接一致,两年报送的单户数量变化合理,差异过大应当说明	差异在10%以内/差异较大需要说明	
	(二)年末总资产账面金额变动合理	上下年度数据衔接一致,年末总资产账面金额变化合理,差异过大应当说明	差异在10%以内/差异较大需要说明	
四、业务数据的准确性,同口径数据一致	(一)"年末在职人数"核对	"年末在职人数"应当与部门决算"基本数字表"(财决附02表)第4栏合计数一致,即"年末职工人数"中"人员总计"的"在职人员"合计数	一致/差异在10%以内/差异较大需要说明	
	(二)"应上缴非税收入金额"核对	"应上缴非税收入金额"应当与决算报表的"非税收入征缴情况表"(财决附04表)中纳入预算管理以及纳入财政专户管理的非税收入合计数一致,即表第2栏次第1行合计数加第7栏次第1行合计数(单位:元)	一致/差异在10%以内/差异较大需要说明	
	(三)"实际上缴非税收入金额"核对	"实际上缴非税收入"应当与决算报表的"非税收入征缴情况表"(财决附04表)中纳入预算管理的已缴国库小计数及纳入财政专户管理的已缴财政专户小计数之和一致,即表第3栏次第1行合计数加第8栏次第1行合计数(单位:元)	一致/差异在10%以内/差异较大需要说明	

审核指标		审核要求	审核结果	情况说明
四、业务数据的准确性,同口径数据一致	(四)"本年支出预算金额"核对	"本年支出预算金额"应当与本年决算报表的"收入支出决算总表"(财决01表)中本年支出的调整预算数一致,即表第8栏次第84行合计数(单位:元)	一致/差异在10%以内/差异较大需要说明	
	(五)"本年实际支出总额"核对	"本年实际支出总额"应当与2020年决算报表的"收入支出决算总表"(财决01表)中本年支出的决算数一致,即表第9栏次第84行合计数(单位:元)	一致/差异在10%以内/差异较大需要说明	
	(六)"上年'三公'经费决算数"核对	"上年'三公'经费决算数"应当与2019年决算报表的"机构运行信息表"(财决附03表)中"三公"经费支出的支出合计数一致,即表第2栏次第2行统计数(单位:元)	一致/差异在10%以内/差异较大需要说明	
	(七)"本年'三公'经费决算数"核对	"本年'三公'经费决算数"应当与2020年决算报表的"机构运行信息表"(财决附03表)中"三公"经费支出的支出合计数一致,即表第2栏次第2行统计数(单位:元)	一致/差异在10%以内/差异较大需要说明	
	(八)"本年实际采购金额"核对	"本年实际采购金额"应当与决算报表"机构运行信息表"(财决附03表)第3栏次第40行"政府采购支出合计"的统计数(单位:元)一致	一致/差异在10%以内/差异较大需要说明	
	(九)"年末总资产账面金额"核对	基层单位的"年末总资产账面金额"应当与国有资产报表"资产负债表"(财资01表)中第2栏次第1行资产合计期末数(单位:元)一致;汇总单位的"年末总资产账面金额"应当与国有资产报表"资产负债汇总表"(财资综01表)中第2栏次第1行资产合计期末数(单位:元)一致	一致/差异在10%以内/差异较大需要说明	
	(十)"固定资产本期减少额"核对	基层单位的"固定资产本期减少额"应当与国有资产报表中"资产处置情况表"(财资10表)中本期减少的固定资产账面原值,即表第6栏次第1行固定资产原值小计数(单位:元)一致;汇总单位的"固定资产本期减少额"应当与国有资产报表中"资产处置情况汇总表"(财资综06表)中本期减少的固定资产账面原值,即表第2栏次第3行固定资产账面原值小计数(单位:元)一致	一致/差异在10%以内/差异较大需要说明	
	(十一)"年度实际投资额"核对	"年度实际投资额"应当与决算报表"项目支出决算明细表"(财决05-2表)"资本性支出(基本建设)"第62栏次第1行小计数(单位:元)一致	一致/差异在10%以内/差异较大需要说明	
五、数值型指标的合理性	(一)"内部控制机构运行情况"异常值排查核对	本年单位内部控制领导小组会议次数、本年单位开展内部控制专题培训次数、内部控制相关问题数量、通过内部控制体系进行整改的问题数量不存在不合理的异常值	无异常/存在异常需要说明	
	(二)"内部控制制度执行情况"异常值排查核对	所有数值型数据,不存在不合理的异常值,尤其项目数量、合同订立数、经合法性审查的合同数不能误填为金额	无异常/存在异常需要说明	

第四章　农业科研院所内部控制建设实践

农业科研院所在日常运行管理过程中会存在一定的漏洞,为了规范管理,提高农业科研院所对管理风险和财务风险的抵抗力,农业科研院所需要建设内部控制体系。本章结合上述内部控制建设的基本程序和要求,以中国热带农业科学院为例,对农业科研院所如何建设内部控制机制,在内部控制建设中单位层面、业务层面需要关注的业务流程、风险点、管控措施等内容进行详细介绍。

第一节　单位基本情况

一、单位概况

中国热带农业科学院(简称"中国热科院")是隶属于农业农村部的国家级科研机构,创建于1954年,前身是设立于广州的华南热带林业科学研究所,1958年迁至海南儋州,1965年升格为华南热带作物科学研究院,1994年更改为现名。

60多年来,老一辈革命家周恩来、朱德、邓小平、叶剑英、董必武、王震等,新一代党和国家领导人习近平、江泽民、胡锦涛等来院视察,为热带作物事业发展倾注了殷切期望和关怀。中国热科院不负重托,面向热区经济社会建设和国家农业对外合作的主战场,扛起了当好带动热带农业科技创新的"火车头"、促进热带农业科技成果转化应用的"排头兵"、培养优秀热带农业科技人才的"孵化器"和加快热带农业科技走出去的"主力军"的职责和重任,铸就了"无私奉献、艰苦奋斗、团结协作、勇于创新"的精神。

60多年来,中国热科院先后承担了"863"计划、"973"计划、国家科技支撑计划、国家重点研发计划、国家重大科技成果转化等一批重大项目和FAO、UNDP、国际原子能机构等国际组织重点资助项目,主导天然橡胶、木薯、香蕉3个国家产业技术体系建设,取得了包括国家发明一等奖、国家科技进步一等奖在内的近50项国家级科技奖励成果及省部级以上科技成果1 000多项,培育优良新品种300多个,获得授权专利1 600多件,获颁布国家和农业行业标准500多项,开发科技产品300多个品种,推动了重要热带作物产量提高、品质提升、效益增加,为保障国家天然橡胶等战略物资和工业原料、热带农产品的安全有效供给,促进热区农民脱贫致富和服务国家农业对外合作做出了突出贡献。

经过传承与创新,中国热科院现有儋州、海口、湛江和三亚(筹)四个院区,科研试验示范基地6.8万亩,在海南、广东两省共6个市设有16个科研和附属机构。拥有国家重要热带作物工程技术研究中心、海南儋州国家农业科技园区、省部共建国家重点实验室培育基地、农业部综合性重点实验室等70多个省部级以上科技平台和3个博士后科研工作站。被联合国粮农组织授予"热带农业研究培训参考中心"称号,建有中国热带农业科学院(CATAS)—国际热带农业中心(CIAT)合作办公室、科技部国际科技合作基地和创新人才培养示范基地、农业农村部农业对外合作科技支撑与人才培训基地和热带农业对外合作开放合作试验区等国际合作平台。先后与16个国际组织、40多个国家和地区的科研和教学单位建立了长期稳定的合作关系,举办或承办各类技术培训班近80期,培训来自非洲、亚洲、大洋洲、拉丁美洲90多个国家或地区的学员3 000多名。

中国热科院围绕热带经济作物、南繁种业、热带粮食作物、热带冬季瓜菜、热带饲料作物与畜牧和热带海洋生物六大创新领域,设有作物学、植物保护和农业工程等17个一级学科、51个二级学科。现有在职职工4 000多人、高级专业技术人员600多人、博士400多人,享受政府特殊津贴专家、国家级突出贡献专家、中央联系专家、新世纪百千万人才工程国家级人选、国家"万人计划"人选及中华农业英才奖获得者等高层次人才 180 多人次,面向海内外聘请了 130 多位知名专家学者。

新时代,新征程,中国热科院以习近平新时代中国特色社会主义思想为指引,坚持开放办院、特色办院、高标准办院的方针,积极扛起国家热带农业科技力量的责任与担当。立足中国热区,进行中国热科院分院建设布局,致力于打造国家热带农业科学中心,支撑热带现代农业发展,服务产业融合升级;面向世界热区,引领中国热带农业"走出去",服务国家"一带一路"倡议。加快热带农业科技创新基地、高层次人才培养基地、国际合作基地、科技成果转化与示范基地和科技服务"三农"与技术培训基地五个基地建设,努力创建世界一流的热带农业科技创新中心。

二、主要职责

中国热科院开展热带农业科学应用基础研究、应用研究和基础研究,为解决我国热带农业发展中基础性、应用性、前瞻性和重大科技问题和关键技术难题提供支撑;开展热带农业科技创新,推动热带农业科技创新体系建设,提高我国热带农业科技自主创新能力;开展热带农业科技高层次人才培养,建设一支高水平的热带农业科学专业技术人才和管理队伍;开展热带农业科技成果转化和技术集成、示范与推广,提高热带农业科技成果的转化率、普及率和贡献率;组织开展国内外热带农业科技合作与学术交流,跟踪了解国内外热带农业科技发展动态;参与热带农业发展重大问题研究,提供相关政策咨询和科技服务;负责所属科研机构的管理,指导挂靠社会团体的业务工作;承办农业农村部交办的其他工作。

三、内设管理机构情况

中国热科院本级内设管理机构 15 个:办公室、科技处、人事处、财务处、计划基建处、成果转化处、研究生处、国际合作处、产业发展处、纪检监察审计室、保卫处、机关党委、儋州院区管理处、南繁科技服务办、驻北京联络处。各管理机构职能分工如下:

(一)办公室

主要承担院领导决策参谋和院综合政务、统筹协调、新闻宣传、督查督办、服务保障等工作。

1.负责组织开展院战略研究,拟订院综合发展规划、重要综合性报告和重大工作计划等,并组织实施。

2.负责协调举办院重大活动、召开重要会议和发布重大新闻,牵头协调院内重大突发公共事件舆论引导工作。

3.负责督查上级领导的批示、上级部门要求执行的事项和院重要会议形成的决策等落实情况,全面评估执行效果;负责院领导和院党组的秘书工作,协助院领导处理日常事务。

4.负责开展综合服务保障,承担文电运转、重要公务接待、印章管理、档案管理、法律咨询、政务值班、保密管理等工作。

5.负责组织实施院机关综合管理工作,指导、监督业务归口院属平台机构运行管理。

(二)科技处

主要承担国家热带农业科学中心综合管理和热带农业科技创新基地建设,以及院科技成果、平台、项目、学科建设等科技创新管理工作。

1.负责牵头实施国家热带农业科学中心运行管理,组织编制、实施热带农业科技创新基地建设规划。

2.负责组织开展热带农业科技创新发展战略研究,建立优化"领域＋学科"科技创新体系及院学科建设管理,推进实施院"十百千科技工程",组织开展院科技创新评价体系和激励机制建设。

3.负责院科技成果培育和管理,组织开展国家和省部级科技奖励申报;负责院级创新平台培育、建设和管理,组织开展国家、省部级科技创新平台申报、评价;负责院基本科研业务费立项、验收和管理,组织开展国家、省部级重大科研项目申报。

4.负责组织与协调对港澳台科技工作。

5.负责组织实施院机关科技创新管理工作,指导、监督业务归口院属平台机构运行管理。

(三)人事处

主要承担热带农业创新人才培养示范基地建设和院人力资源管理、机构编制管理及绩效考核、离退休人员管理等工作。

1.负责组织编制、实施热带农业创新人才培养示范基地规划。

2.负责组织开展人才强院战略研究,推进实施院"十百千人才工程",组织开展人才评价体系和激励机制建设。

3.负责人才队伍规划、建设工作,组织开展人员招聘与调配、岗位设置、人才培养、干部选任与培训、绩效考核、工资社保、人事劳动关系、博士后培养、离退休人员管理等工作。

4.负责机构编制管理,组织参与农业农村部绩效考核管理工作;组织开展院机关部门和院属单位绩效考核工作。

5.负责组织实施院机关人事管理工作,指导、监督业务归口院属平台机构运行管理。

（四）财务处

主要承担院财经管理、财务预决算、专项资金监管、资产管理等工作。

1.负责组织全院预算和决算管理工作。编制全院部门预算、决算和支出规划,组织、监督全院预算执行和预算绩效管理工作。

2.负责组织全院国有资产、政府采购和住房改革管理工作;负责组织全院土地维护维权管理;负责院本级房屋资产出租,以及房屋资产作为对外合作标的底价确定、报批(报备)和监督管理。

3.负责全院重大专项预算执行监管以及基建财务管理工作;牵头开展全院修购项目组织和验收工作,负责组织开展全院仪器设备购置类、仪器设备升级改造类修购项目规划、受理申报、评审、实施、评价等工作。

4.负责全院财政国库集中支付管理、银行账户管理、非税收入管理和票据管理工作。

5.负责组织实施院机关财经管理工作,指导、监督业务归口院属平台机构运行管理。

（五）计划基建处

主要承担院基本建设发展规划、土地利用规划、基本建设管理等工作。

1.负责组织编制、实施院所空间发展规划、院基本建设中长期发展规划和院土地利用规划。

2.负责管理国家热带农业科学中心、南繁科技公共服务平台、热区各分院和院内试验示范基地的项目建设。

3.负责全院工程建设业务管理工作;组织编报建设项目年度申报计划、投资计划;组织审查和上报建设项目建议书、可行性研究报告、初步设计;组织开展建设项目监督检查、绩效考评和受农业农村部委托的竣工验收工作。

4.负责全院房屋修缮类、基础设施改造类修购项目规划、受理申报、评审、实施、评价等工作。

5.负责组织实施院机关基建项目、房屋修缮和基础设施改造类修购项目管理,指导、监督业务归口院属平台机构运行管理。

(六)成果转化处

主要承担热带农业科技成果转化应用基地建设和院科技成果转移转化、开发等工作。

1.负责热带农业科技成果转化应用基地规划建设和综合运行管理。

2.负责热带农业科技成果转移转化政策研究和市场调研,构建"科技+资源+平台"三位一体的科技成果转移转化体系,组织编制、实施科技成果转移转化规划和重大计划。

3.负责协调全院科技开发、成果转化和产业化项目的组织管理工作;负责院属企业的归口管理工作,组织指导院企合作等重大合作活动;组织实施资源转化活动及国有资产对外投资管理。

4.负责全院品牌建设和管理工作,组织实施知识产权运用和保护,组织开展科技成果推介推广活动。

5.负责组织实施院机关科技成果转移转化工作,指导、监督业务归口院属平台机构运行管理。

(七)研究生处

主要承担热带农业高层次人才培养基地建设和热带农业研究生院筹建,以及研究生培养管理等工作。

1.负责组织编制、实施热带农业高层次人才培养基地建设规划。

2.负责热带农业研究生院筹建工作。

3.负责组织院属单位与国内外相关高校和科研单位开展合作,联合培养研究生。

4.负责指导、监督业务归口院属平台机构运行管理。

（八）国际合作处

主要承担热带农业国际合作与交流基地、热带农业国际培训基地建设和国际交流合作、项目、平台建设等工作。

1.负责组织编制、实施热带农业国际合作与交流基地、热带农业国际培训基地规划。

2.负责组织开展世界热带农业发展战略研究，建立热带农业科技国际交流合作管理体系，推进热带农业科技全球战略布局。

3.负责管理院与相关国家（地区）、国际组织热带农业科技交流与合作；组织协调举办院级重要国际会议，依规做好外事接待。

4.负责组织技术、智力、资源引进及外资项目，组织重大国际交流与合作项目策划申报和执行管理。

5.负责组织实施院机关国际交流合作工作，指导、监督业务归口院属平台机构运行管理。

（九）产业发展处

主要承担院地合作和科技支撑热区乡村振兴的组织管理等工作。

1.负责组织编制、实施科技支撑热区乡村产业发展规划。

2.负责组织院地合作工作，指导打造热区乡村振兴科技引领示范点，促进热区乡村产业发展。

3.负责组织热区试验示范基地建设和全院科技扶贫、科技下乡、科技救灾、科普活动等科技服务工作。

4.负责组织实施院机关有关产业发展工作，指导、监督业务归口院属平台机构运行管理。

（十）纪检监察审计室

主要承担院党风廉政建设监督责任，开展纪检、监察、审计等工作。

1.负责落实党风廉政建设监督责任。

2.负责信访举报案件受理和院属单位党组织、党员申诉。

3.负责组织开展院属单位巡视工作。

4.负责组织开展内部审计、专项检查工作。

5.负责院纪检组办公室及机关纪委工作,组织实施院机关纪检监察工作。

(十一)保卫处

主要承担院平安院所建设、安全生产、社会治安综合治理等工作。

1.负责组织实施全院安全生产、社会治安综合治理及武装工作,推进"平安单位"建设。

2.负责组织群防群治体系建设,开展法制宣传教育。

3.负责配合公安机关、国家安全部门处理全院各类影响安全稳定的事件和隐患。

4.负责组织实施院机关安全生产、综合治理工作。

(十二)机关党委

主要承担全院党建、群团、统战、文化建设、和谐院所建设等工作。

1.负责宣贯党的路线方针政策、重要思想和理论、上级党组织和本组织的决议。

2.负责组织院党建工作。

3.负责组织开展院文化建设和精神文明建设。

4.负责领导、支持院工青妇等群众组织工作;协助院党组开展统战工作;处理群众来信来访工作。

5.负责组织实施院机关党建、文化建设等工作。

(十三)儋州院区管理处

主要承担儋州院区治理体系建设、综合事务统筹协调,以及与儋州市公共关系等工作。

1.负责组织研究儋州院区治理体系建设,统筹协调推进院区改革、建设、管理工作。

2.负责协调院属单位在儋州院区的公共事务。

3.负责组织院属单位加强与儋州市地方政府合作,发挥桥梁纽带作用。

(十四)南繁科技服务办

主要承担南繁科技公共服务平台建设及运行归口管理等工作。

1.负责南繁育种技术服务中心申报、筹建和管理工作。

2.负责统筹中国热科院科技支撑服务国家南繁科研育种基地建设工作。

（十五）驻北京联络处

主要承担中国热科院在北京及其周边的拓展布局、公共关系等工作。

1.负责政策研究和相关信息的收集、反馈工作。

2.负责组织加强在京全院科技创新成果展示和科技产品推广,协助开展技术咨询与推广服务、科研成果转化等工作。

3.负责在京工作人员的日常管理和服务工作。

4.负责院机关在京的相关业务管理执行工作。

四、成立内部控制建设工作领导小组

为确保内部控制建设工作的顺利开展、明确工作分工、健全工作机制、强化组织领导,成立了内部控制建设工作领导小组,组成如下：

组长：分管财务院领导

副组长：财务处处长

成员：办公室、科技处、人事处、财务处、计划基建处、研究生处、国际合作处、成果转化处、产业发展处、纪检监察审计室、保卫处、机关党委、南繁科技服务办公室主要负责人

领导小组办公室设在财务处。其职责是牵头组织中国热科院本级各类业务内部控制规程的制订、实施和评价。

第二节　内部控制实施的工作方案

为确保全面推进行政事业单位内部控制建设工作,根据《财政部关于全面推进行政事业单位内部控制建设的指导意见》(财会〔2015〕24号)和《农业部办公厅关于全面推进行政事业单位内部控制建设有关事项的通知》(农办财〔2016〕5号)的要求,结合中国热科院本级实际,制定内部控制实施的工作方案。

一、工作总体目标

中国热科院本级组织开展内部控制建设工作的总目标是,贯彻落实党的

十八届四中全会决定精神,通过强化内部控制,实现"对权力集中的部门和岗位实行分事行权、分岗设权、分级授权,定期轮岗,强化内部流程控制,防止权力滥用"的目标。

二、单位内部控制建设的主要内容

中国热科院本级内部控制建设的主要任务是:建立覆盖单位各项业务管理活动的内部控制体系;制定评价标准、监督检查并促进内部控制制度有效执行;实现内部控制与全面风险管理有机结合,提高基础管理水平和风险防控能力。

(一)内部控制建设的基本原则

1.全面性。内部控制应当覆盖经济活动和业务活动的全范围,贯穿内部权力运行的决策、执行和监督全过程,规范单位内部各层级的全体人员。

2.重要性。内部控制应当特别关注重要经济活动和业务活动,以及经济活动和业务活动的重大风险。

3.制衡性。内部控制应当在单位内部的部门管理、职责分工、业务流程等方面相互制约、相互监督。

4.适应性。内部控制应当符合国家有关规定和单位的实际情况,并随着外部环境的变化、单位经济活动和业务活动的调整及管理要求的提高,不断改进和完善。

5.有效性。内部控制应当保障单位内部权力规范有序、科学高效运行,实现单位内部控制目标。

(二)内部控制机制建设

1.本单位主要职责、部门机构设置及职能分工等。

2.本单位议事决策机制和内部监督机制。应当符合"分事行权"要求,对决策、执行和监督,明确分工、相互分离、分别行权,防止职责混淆、权限交叉。

3.本单位岗位责任制。应当符合"分岗设权"要求,对各工作岗位,依职定岗、分岗定权、权责明确,防止岗位职责不清、设权界限混乱。

4.本单位内部管理层级权限。应当符合"分级授权"要求,对各管理层级和各工作岗位,依法依规分别授权,明确授权范围、授权对象、授权期限、授权与行权责任、一般授权与特殊授权界限,防止授权不当、越权办事。

5.本单位岗位人员管理。应当符合"定期轮岗"要求,对重点领域和关键岗位,明确相应的资格条件,建立岗位培训和岗位能力评价机制,明确轮岗范围、轮岗条件、轮岗周期、交接流程、责任追溯等要求,建立干部交流和定期轮岗制度,不具备轮岗条件的单位应当采用专项审计等控制措施。对轮岗后发现原工作岗位存在失职或违法违纪行为的,按照国家有关规定追责。

6.各类经济业务内控规程制定。应当科学设置岗位职责权限,全面梳理业务流程,明确业务环节,分析风险隐患,完善风险评估机制,制定风险应对策略。根据法律法规和政策规定,全面梳理业务内容,建立"负面清单"。

(三)制定内部控制体系评价标准

1.在实施内部控制的基础上,结合实际逐步制定内部控制评价标准。

2.内部控制评价的内容包括:按照内部控制基本规程要求,识别单位层面和业务层面的风险,并进行分析控制,确保风险识别全面、业务活动控制有力、信息沟通顺畅、监督有效。

(四)促进内部控制制度有效执行

以内部控制制度为依据,以评价标准为准绳,加强监督检查,促进内部控制制度有效执行。

1.落实内部控制执行责任制,明确责任机构和主要负责人的内部控制执行责任。

2.逐级责任分解,建立内部控制执行体系,将内部控制与管理权限、岗位职责有机结合,保证内部控制执行到位。

3.建立内部控制培训机制,保证各级责任人和各岗位人员熟知内部控制制度流程以及内部控制职责。

4.通过经济责任审计、效果后评估、管理评审、效能监察等方式,定期和专项监督检查内部控制制度执行情况,适时报告执行结果。

(五)实现内部控制与全面风险管理有机结合

将内部控制与全面风险管理有机结合,借助管理提升活动,进一步建立健全内部控制制度,通过有效执行防范各类经营风险,提高基础管理水平和风险防控能力。

1.开展风险识别分析,确定风险因素,排列影响等级,评估风险程度。

2.制定对风险点及可能引发风险事件进行防范和管控的主要措施。

3.建立信息传递渠道,保证内部各管理级次、责任部门、业务环节之间的信息沟通和反馈顺畅,实现内部控制系统内不同部门、不同人员信息共享,不断提高基础管理水平和风险防范能力。

4.建立健全反舞弊机制,规范违规违纪事项举报、调查、处理、报告程序,将惩治和预防腐败体系与内部控制、风险管理融为一体,提高内部控制实效。

三、内部控制建设工作组织保障

(一)强化组织领导

为确保内部控制建设工作的顺利开展、明确工作分工、健全工作机制、强化组织领导,成立了院内部控制建设工作领导小组,组成如下:

组长:分管财务院领导

副组长:财务处处长

成员:办公室、科技处、人事处、财务处、计划基建处、研究生处、国际合作处、成果转化处、产业发展处、纪检监察审计室、保卫处、机关党委、南繁科技服务办公室主要负责人

领导小组下设办公室,办公室设在财务处。财务处处长任办公室主任。

(二)内部控制建设工作领导小组成员分工

1.办公室负责建设议事决策机制,负责设置内部管理层级权限,负责内部控制规程的合法性审查,负责制定合同管理业务、公务用车、公务接待费、会议费等业务的内部控制规程。

2.科技处负责制定科研项目类业务的内控规程。包括各类科研项目的申报、审批、实施、验收、评价等业务。

3.人事处负责机构设置、主要职责和职能分工等,负责建设岗位责任机制,负责制定人事人才业务管理的内控规程等。

4.财务处牵头负责各类业务内部控制规程的制订、实施和评价。负责制定预决算类业务、收支业务、国有资产监管业务及政府采购业务的内部控制规程等。

5.计划基建处负责制定建设项目业务的内部控制规程。包括建设规划、项目申报、工程设计、工程招标、工程建设、工程结算及竣工验收等。

6.成果转化处负责制定科技成果转化类业务的内部控制规程。

7.国际合作处负责制定因公出国(境)费等涉外业务的内部控制规程。

8.纪检监察审计室负责建设内部控制监督机制。包括内部审计工作规程、内部控制实施工作的监督。

9.机关党委负责建设各级党组织内部控制建设工作规程,包括违规违纪事项举报、调查、处理、报告工作程序。

四、内部控制建设工作步骤及时间安排

(一)准备与启动阶段(201×年 3—4 月)

1.制定院内部控制建设工作方案。

2.进行工作部署。

(二)制定阶段(201×年 3—5 月)

各部门根据部门职责任务,认真梳理业务流程,按照单位内部控制规程基本格式和填写要求,编写业务内部控制规程。

各部门应于 5 月 31 日前将相关业务内控规程及已制定的相关内控管理制度报送院内部控制建设工作领导小组办公室。

(三)审定阶段(201×年 6 月)

院内部控制建设工作领导小组办公室汇总各部门报送的材料,形成院本级的内控规程,报院长办公会审核、院常务会审定。

(四)执行与评价阶段(201×年 7—12 月)

从 201×年 7 月起,全面实施内部控制规程。

各部门应当通过日常监督和专项监督,检查内部控制实施过程中存在的突出问题、管理漏洞和薄弱环节。通过自我评价,评估内部控制的全面性、重要性、制衡性、适应性和有效性,发现存在的问题,提出解决措施,形成自查报告。

各部门应于 11 月 30 日前将自查报告报送院内部控制建设工作领导小组办公室。

（五）整合与优化阶段（201×年12月）

各部门要针对内部控制规程实施中存在的问题，抓好整改落实，进一步完善健全制度，提高执行力，完善监督措施，确保内部控制有效实施。发现违反国家有关规定或者存在重大风险隐患的，必须立即纠正。

五、其他要求

（一）加强组织领导

各部门应当切实履行内部控制建设的主体责任。部门主要负责人对建立与实施内部控制的有效性承担领导责任。各部门应成立由主要负责人担任组长的内部控制建设工作领导小组，主持制定工作方案，明确责任分工和责任人，健全工作机制，加强组织协调，切实推动本部门内部控制建设。

（二）开展监督评价

各部门应当建立健全内部控制的监督检查和自我评价制度，不断改进和完善内部控制。确定内部监督检查的方法、范围和频率。至少每年开展一次内部控制自我评价，并出具报告。监督和评价应当与内部控制的建立和实施保持相对独立。

（三）加强教育培训

各部门应当加强对本部门工作人员有关制约内部权力运行、强化内部控制方面的教育培训，引导广大干部职工自觉提高风险防范和抵制权力滥用的意识，确保权力规范有序运行，为全面推进内部控制建设营造良好的环境和氛围。

第三节　农业科研院所单位层面内部控制

一、内部控制的组织架构

根据国家有关法律法规和规章制度，结合中国热科院的实际情况，对热科院本级的组织架构和各业务岗位进行设置，明确热科院本级各处室的职责权限及相关岗位职责，形成科学有效的职责分工和制衡机制（见图4—1）。

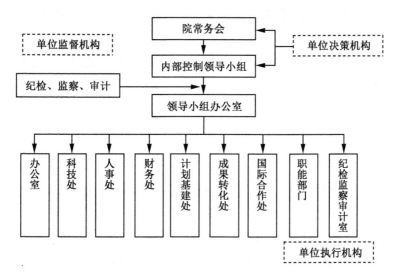

图4-1　中国热科院本级组织架构

中国热科院本级组织架构按照决策权、执行权和监督权相分离的原则,分为决策机构、执行机构和监督机构。决策机构主要是中国热科院本级的党政一把手领导及领导班子成员的议事机构——院常务会,主要负责制定和决定重大经济事项;执行机构主要是中国热科院本级的职能部门,是执行院常务会制定的各项决策,在本部门的职责范围内开展相关工作;监督机构主要是纪检、监察和审计等内部监督部门,即纪检监察审计室,主要负责监督。

(一)内部控制领导小组

内部控制领导小组主要统筹安排内部控制建设和执行的全面工作,将内部控制贯穿单位经济活动的决策、执行和监督全过程,涵盖单位的相关业务和事项,实现对经济活动的全面控制。

(二)内部控制建设牵头部门

中国热科院本级明确内部控制牵头部门为财务处,负责内部控制相关工作,确保为内部控制的建立和实施工作提供强有力的组织保障。主要工作内容如下:

1.组织协调内部控制的日常工作。

2.研究提出中国热科院本级内部控制建设方案。

3.研究提出单位内部的重大决策、重大风险、重大事件和重要业务流程的内部控制工作。

4.研究提出风险点以及风险管理措施,并负责方案的组织实施和对风险的日常监控。

5.组织协调相关处室落实内部控制的整改计划和措施。

6.组织协调内部控制的其他有关工作。

(三)内部控制执行机构

内部控制执行机构是各职能部门,主要工作内容如下:

1. 根据部门职责任务,配合财务处对本部门相关的经济活动业务,进行流程梳理和风险评估,编写业务内部控制规程。

2.对本部门的内部控制建设提出意见及建议,积极参与单位经济活动内部管理制度体系的建设。

3.认真执行内部控制管理制度,落实内部控制的相关要求。

4.加强对本部门实施内部控制的日常监控。

5.做好内部控制执行的其他相关工作。

二、内部控制的工作机制

(一)议事决策机制和内部监督机制

按照现代农业科研院所治理体系建设要求和农业农村部关于部属事业单位管理的有关规定,坚决贯彻从严治党要求,发挥党的政治核心作用,发扬民主集中制,落实党风廉政建设"两个责任"和各级领导班子成员"一岗双责",并根据单位事业发展实际需要,不断健全中国热科院本级的议事决策和内部监督管理机制。

1.议事决策机制

坚持集体领导与个人分工负责相结合,重大决策、重要干部任免、重大项目安排和大额资金使用等"三重一大"事项,按照个别酝酿、会议决定的原则,由院常务会、院党组会共同研究决定。院长办公会按照会议召集人的工作分工,负责研究相关事项并进行决策;超越院长办公会决策权限的事项,须认真研究并形成成熟的意见建议后,提交院常务会决策。院机关部门实行处务会决策制度,重点研究部门职责内的重要事项、院属单位提交的相关议题,超越部门决策权限的事项,须认真研究并形成成熟的意见建议后,提交院长办公会研究决策。院属单位实行所(中心、站、场)务会、所(中心、站、场)党委(党总支)会决策制度。重大决策、重要干部任免、重大项目安排和大额资金使用等"三重一大"事项由所(中心、站、场)务会和所(中心、站、场)党委(党总支)会共同研究决定。超越本单位决策权限的事项,经所(中心、站、场)务会和所(中心、站、场)党委(党总支)会认真研究,并形成成熟的意见建议后,按照事项性质提交院机关相关部门,受理部门研究后予以回复或提交院长办公会研究决策。

2.内部监督机制

按照农业农村部党组《党风廉政建设"两个责任"的意见》和《党风廉政建设"两个责任"的意见实施细则》的有关要求,明确职能部门的监督责任,完善内控机制。在院党组、院纪检组领导下,通过构建立体、高效的监督体系,保障院各项工作合法、规范、高效、有序、健康发展。院办公室负责落实中央八项规定监督检查以及为单位的管理决策和经济活动提供法律依据;人事处负责干部人事监督管理;科技处负责科研项目的监督;财务处负责资金使用管理的监督,落实厉行节约有关要求,并负责国有资产管理的监督;成果转化处负责对科技成果转化、经营实体实施监督;计划基建处负责对基建工作实施监督;纪检监察审计室负责实施纪检监察、审计和巡视监督,对落实党纪、政纪有关规定实施监督。

(二)内部管理层级权限

根据上级单位管理的有关规定,中国热科院在农业农村部领导下,实行院长负责制,院长主持中国热科院的全面工作,对农业农村部负责;院党组书记主持中共中国热科院党组的全面工作。副院长、党组成员按照分工,负责某方面的工作或专项任务,并可代表中国热科院进行有关公务活动;工作中的重要情况和重大事项要及时向院长、院党组书记请示报告,对于带有全局性的问题,要在认真调查研究后,提出解决问题的意见建议;涉及其他院领导分管的工作,应同有关院领导及时协商。院长出访、出差、脱产学习或休假期间,按院领导排序,由在家的一位院领导主持院日常工作。院领导定期到分管部门和相关单位调研,听取部门、单位领导班子工作汇报,研究解决院所改革发展中面临的困难和问题。

院机关部门实行部门负责人负责制,部门负责人外出期间,指定部门一名人员负责日常工作。院机关部门是全院管理体系的责任主体,要履行管理、指导、协调和监督院属单位开展相关领域工作的职责。同时,院机关部门也是院本级具体业务执行的责任主体,要按照部门职责执行好院本级相关工作任务。

按照职责权限,超越院属单位决策权的事项,经单位党政领导班子集体会研究后,逐级上报院机关业务归口部门、分管院领导、院长办公会、院议事协调机构会议、院常务会/院党组会、院学术委员会研究。

(三)实行岗位责任制

1.岗位设置管理

严格按照上级相关规定进行岗位设置,共设置管理岗位、专业技术岗位、工勤技能岗位。岗位控制数严格在批复的岗位数内进行设置。领导干部职数也严格按照干部批复进行设置。岗位设置做到因事设岗、职责相称,责任一致、责任分明。

2.岗位聘用管理

按照《中国热带农业科学院岗位设置及管理实施办法》《中国热带农业科学院本级岗位配置及聘用管理办法》等规定,分类设岗、分级聘用,遵照竞争择优、考核管理,分级负责、科学管理原则,在岗位控制数内进行聘用。

三、对内部控制关键岗位工作人员的管理要求

严格执行事业单位领导干部任用、岗位聘用制度,以 5 年为一个聘期进行岗位聘用,聘期中进行动态管理。处级干部,管理五级、六级岗位,专业技术二级、三级岗位均由中国热科院统一在全院范围选拔,其他岗位由各单位自行管理。加强人员交流轮岗和挂职锻炼,机关管理人员在同一个部门岗位任职满2 年的,应在部门内轮岗;同一部门连续工作满 4 年的,应在部门间或院内轮岗。在各岗位职责定位和分工过程中,充分体现了"不相容岗位相分离",详见第四节的业务层面内部控制内容。

第四节　农业科研院所业务层面内部控制

一、预算管理

(一)预算管理业务流程

作为农业科研院所,中国热科院本级(以下简称院本级)预算管理是通过院各部门设定的重点工作和任务目标进行综合分析,科学配置单位各项资金,预算管理是单位各项管理的基础依据,也是单位财务管理的核心内容。推进预算管理各项工作,对加强单位内部全过程管理、规范财务收支行为、提高财政资金效能、有效履职尽责有着重要意义。为此制定预算管理业务流程。

1.业务流程简介

本流程主要是规范热科院本级预算管理业务过程,以此来提高财政资金效能。本流程主要对预算准备、预算编制、预算审核、预算上报、细化分配预算、预算执行等进行描述,适用于预算管理的各个环节。

2.岗位设置

单位根据财务处岗位设置的实际情况和预算管理相关规定,设置经办岗1个、审核岗2个。其中,经办岗主要负责预算编制相关工作,包括预算编制布置、汇总基础数据以及填报预算软件和编制预算说明;审核岗主要负责对经办岗办理的结果进行审核后报分管处领导审阅。

3.业务流程图

业务流程图见图4—2。

4.业务环节描述

环节1:单位在收到预算编制通知后,经办岗根据编制要求撰写本单位预算编制通知,并下发各业务部门。各业务部门根据预算编制通知要求编制本部门预算。

环节2:经办岗根据预算编制要求,收集、整理、汇总各部门编制的预算材料,同时填报预算系统及编制预算说明。

环节3:审核岗根据预算编制要求,审核预算编制的合理性、完整性和准确性。

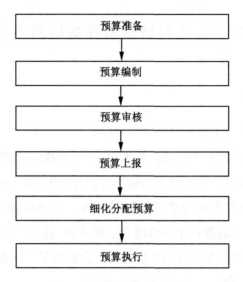

图 4—2　预算管理业务流程图

环节 4：经办岗将审核无误的预算材料报所务会审议通过后，上报上级单位。

环节 5：根据上级单位下达的年度预算批复，进行预算公开；结合本单位年度重点工作任务，细化部门预算并下发各部门执行。

环节 6：经办岗于每月 15 日前，对各部门预算执行情况和项目预算执行情况进行公开。

5.预算业务主要风险点

预算业务主要风险点见表 4—1。

表 4—1　　　　　　　　　　　预算业务主要风险点

风险类别	风险点	风险等级	责任主体
工作任务风险	预算编制的过程短，时间紧，准备不足，很可能导致预算编制质量偏低	一般	各部门
工作任务风险	财务处与其他部门之间的沟通缺乏有效性，可能导致预算编制与执行、预算管理与资产管理、政府采购和基建管理等经济活动相互脱节	一般	各部门
工作任务风险	预算项目不细、编制粗糙，随意性大，可能导致预算约束不够	一般	各部门

风险类别	风险点	风险等级	责任主体
工作任务风险	项目申报程序存在随意性和不公平现象,导致项目支持重点不明确,偏离本单位发展目标和方向	一般	院财务处
工作任务风险	未按规定的额度和标准执行预算,资金收支和预算追加调整随意无序,存在无预算、超预算支出等问题,可能会影响预算的严肃性	据实核定	各部门
工作任务风险	不对预算执行进行分析,沟通不畅,可能导致预算执行进度偏快或偏慢	一般	各部门

6.预算业务主要控制措施

(1)预算编制与审核环节的风险应对策略

①提前谋划。进行预算前期调研工作,布置本单位测算相关经费的来源和需求,收集整理相关政策依据,围绕下年度的重点工作和目标,按单位业务分类,提前谋划各项工作经费的安排,为部门预算编制奠定基础,提高预算编制的科学性、合理性和政策相符性。

②落实单位内部各部门的预算编制责任。财务处牵头组织本单位预算编制工作,各职能部门根据业务归口管理职责分别指导各部门编制预算,确保预算围绕本单位工作重点和发展目标,保障各项业务活动的财力支撑。

③集体决策。本单位的预算方案,必须经单位领导班子集体研究审定后,以正式文件形式上报上级单位。

(2)预算执行环节的风险防控措施

①加强预算执行管理,保证预算严肃性。提高各部门负责人对批复预算执行的严肃性认识,加强对预算执行的监督管理,杜绝无预算、无用款计划、超预算、擅自改变支出用途等预算调整的随意性,防止为了执行而随意调整预算。确保预算执行依法合理,保证预算的严肃性。

②强化业务部门管理,发挥制约作用。各业务管理部门根据部门职责,认真履行管理监督职能,形成各部门相互监督、相互制约的体系,发挥内部管理、控制的效能。

③预算执行分析控制。单位应建立预算执行分析机制,定期通报各部门预算执行情况。由各部门开展预算执行分析,研究解决预算执行中存在的问

题,提出改进措施,提高预算执行的有效性。

④信息公开。强化预算执行督导,每月通报各部门预算执行情况,对预算执行进度缓慢的部门和项目,由单位分管领导不定期对其负责人进行约谈。

实践思考

预算管理是事业单位财务部门的重要组成部分,随着近几年事业单位体制改革和新旧政府会计制度衔接,对事业单位预算管理的要求也越来越高,平时在预算管理过程中,就会暴露一些显而易见的问题。比如在预算执行环节,预算执行是预算管理的关键组成部分,然而在实际工作中,个别财政项目在日常报销中存在超预算报销或者无预算报销情况,比如基本业务费,该类项目是不得开支有工资性收入的人员工资、奖金、津贴或福利支出,不得分摊院所公共管理和运行费用的,但有些科研人员甚至是财务人员对此不是很了解,在报销过程中会出现此类的支出。这种情况下,就需要在预算执行过程中,一是加强政策宣讲,提高科研人员对相关经费管理制度的认识;二是财务人员要加强自身学习,熟读财经法规、规章制度等,对于经手的每一笔开支,都能做到心中有数。

(二)决算管理业务

财务决算是对预算经费执行情况的总结,与部门预算不可分割,有效的财务决算管理,可以对预算经费执行情况进行科学分析,促进预算的合理编制,进而提高财政经费的使用效益。为了确保院本级财务决算的有效性和科学性,制定决算管理业务流程。

1.业务流程简介

本流程主要是为了规范院本级决算管理业务过程,保证决算编制的科学性、合理性和有效性。本流程主要有决算准备、决算编制、决算上报、决算公开等环节。

2.岗位设置

单位根据财务处岗位设置的实际情况和决算管理相关规定,设置经办岗1个、审核岗2个。其中,经办岗主要负责决算编报工作,包括决算编制布置、汇总基础数据以及填报决算软件和编制决算说明。审核岗主要负责对经办岗办理的结果进行审核后报单位领导班子集体研究审定后上报上级单位。

3.业务流程图

业务流程图见图4—3。

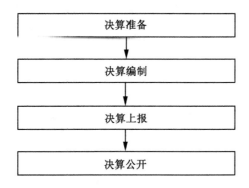

图4—3　决算管理业务流程图

4.业务环节描述

环节1：根据决算通知要求，布置决算编制工作，根据下达的全年预算拨款指标（包括预算批复及预算调整）进行对账。

环节2：根据决算布置要求，由单位财务处牵头组织相关职能部门开展决算编报工作。

环节3：财务处对编制的决算数据进行审核无误，交单位领导班子集体审定后，以正式文件形式上报上级单位。

环节4：根据上级单位批复的部门决算，核对相关数据信息无误后，按照上级部门要求的时间节点，向社会公开决算信息，并做好公开后的解释工作。

5.决算业务主要风险点

决算业务主要风险点见表4—2。

表4—2　决算业务主要风险点

风险类别	风险点	风险等级	责任主体
工作任务风险	未按规定编报决算报表，决算编报不够完整、准确、及时	一般	各部门
工作任务风险	不重视决算分析工作，决算分析结果未得到有效运用，单位决算与预算相互脱节，可能导致预算管理的效率低下	一般	各部门

6.决算业务主要控制措施

(1)强化业务培训。组织本单位相关人员参加决算培训,布置和落实相关工作要求,确保决算工作的顺利开展。

(2)加强决算分析工作,分析预算执行结果与预算目标的差异,查找原因,并将决算分析结果得以运用,建立健全单位预算与决算相互反映、互相促进的机制。

实践思考

部门决算全面系统地反映了事业单位预算执行结果、财务状况和资金使用情况,是单位编制后续年度财务收支预算的基本依据。近几年,中国热科院本级决算工作不断改进,在财务管理中发挥着越来越重要的作用。但在实际工作中仍存在一些问题。一是支出经济分类科目运用不准确现象。支出经济分类科目近几年会有部分变化,财务人员如果不及时学习掌握这些变化,编制凭证时很容易弄错支出经济分类科目,如将职工物业服务补贴错记入"对个人和家庭的补助——其他对个人和家庭补助"科目等现象;又如将租车费错记入"差旅费"科目等现象。二是对决算数据的分析不够重视,流于形式。在决算过程中,对重要指标进行了分析比较后,只是将这些数据指标简单罗列在决算分析报告中,没有结合单位的业务活动,深入分析指标增减变动的原因和合理性,使得决算数据分析不能发挥应有的作用。这种情况下,就需要在部门决算过程中,一是加强财务人员的专业素质,提高会计核算水平;二是加强决算业务培训,提高决算报表编报人员的业务水平;三是强化决算数据分析运用,与预算编制相结合,与预算执行情况相结合,与单位财务管理工作相结合,进而规范单位的财务管理和会计核算。

二、收支管理

(一)收入管理业务流程

作为农业科研院所,中国热科院本级的收入来源主要是财政拨款收入、科研项目收入、技术服务收入、科技产品收入、教学活动收入、科普活动收入、利息收入、租金收入等收入。由于各类收入性质不同,在收入管理业务流程中,不同收入在各个环节中的风险有所不同,因此,在实际工作中,不同收入的关键控制点也有所不同。例如,财政拨款收入的关键控制点在于确认收入环节,关键在于何时确认收入、如何确认收入。为了确保各项收入应收尽收,规范收入全过程管理,制定收入管理业务流程。

1.业务流程简介

本流程主要规范热科院本级收入管理业务过程,保证收入预算编制科学合理性、确保各项收入应收尽收。本流程主要对收入的预算编制和登记入账过程进行描述,适用于年度收入预算编制、收缴及入账等过程管理。

2.岗位设置

主要设置执收经办岗、执收审核岗、会计核算、出纳等岗位。执收经办岗主要负责编制收入预算和零余额账户用款额度计划;执收审核岗主要负责对收入款项的跟踪核对工作;会计核算岗主要负责通知执收部门收入到账情况、开票和登记入账工作;出纳主要负责跟踪收入到账情况以及对账等工作。

3.业务流程图

业务流程图见图4—4。

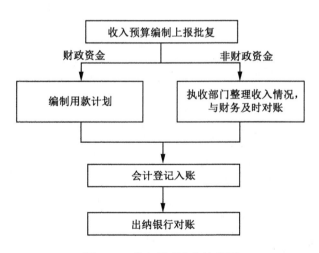

图4—4　收入管理业务流程图

4.业务环节描述

环节1:(收入预算环节)根据预算编制通知要求,执收部门根据历年收入情况编制下年度收入预算,报财务处审核汇总,经院常务会审议后,上报上级主管部门审批。

环节2：(收缴收入环节)执收部门梳理收入情况,及时跟踪,按照审批权限签订合同/协议/任务书,并提供单位银行账号。根据通知要求,合理编制零余额账户用款额度月度计划。

环节3：(收入到账环节)出纳及时查看账户到账情况,根据财政授权支付额度到账单,直接通知会计人员登记入账;根据基本账户到账情况,通知各执收部门提供收入证明相关材料。

环节4：(登记入账环节)会计人员根据执收部门提供的收入相关材料,核实收入性质后,开具相关票据,按照收入类别登记入账;会计人员按照财政授权支付额度到账单将财政授权拨款收入登记入账。出纳每月及时对账;会计人员每月统计分析各部门收入情况,及时反馈各部门,并报送院领导。

5.收入业务风险点

收入业务风险点见表4—3。

表4—3 收入业务风险点

风险类别	风险点	风险等级	责任主体
工作任务风险	收入预计不充分,造成收入预算与实际到位资金差异较大	一般	财务处、各部门
外部风险	执收部门未尽数收缴收入,导致收入不入账或设立账外账,形成"小金库"	据实核定	各部门
外部风险	执收部门或者个人违反收支两条线原则办理收款业务	据实核定	各部门
公共关系风险	执收部门和财务处沟通不够,单位没有掌握收入项目的金额和时限,造成应收未收,可能导致单位利益受损的风险	据实核定	财务处、各部门
公共关系风险	执收部门未及时提供收入证明材料,造成收入未能及时登记入账	据实核定	各部门
工作任务风险	财务处未及时对账或未及时开具票据,造成收入未及时入账	一般	财务处
工作任务风险	未按收入性质归类入账,核算不规范,造成收入数据不准确	一般	财务处
工作任务风险	各项收入未进行统计分析,缺乏收入监管机制	一般	财务处

6.收入业务主要控制措施

(1)收入编制环节:增强各部门对预算管理的意识,执收部门做好预算编制工作,提高预算准确性和科学性,结合历年收入情况以及下年度工作计划等合理编制收入预算。

(2)收入收缴环节:一是提高执收部门收入统一核算意识,强化监管,有效监督各项收入及时足额入账,杜绝账外账和小金库,严格执行"收支两条线"管理。二是加强各部门信息沟通和反馈。科学合理的编制用款计划,财务处应积极主动地与各部门加强沟通和信息反馈,确保编制的请款计划符合各部门业务用款需求,保障各项工作的顺利开展。

(3)收入到账环节:执收部门及时跟踪收入汇缴情况,并根据到账通知及时提供收入证明材料;财务处收到银行回单应及时告知执收部门,根据提供的材料核实收入,开具票据并做好登记入账工作。

(4)登记入账环节:财务按照收入证明材料分析判断收入性质,并根据制度要求正确登记入账,规范核算管理。定期对各项收入进行对账、统计并分析,为单位决策提供准确的财务信息。

实践思考

农业科研院所的收入来源种类繁多,在实际业务中,科技产品收入的管理比较复杂。各个农业科研院所的科技产品种类繁多,很多科技产品属于科研实验工作中的副产品,我们称之为"试制产品""科研副产品",特别是农业科研院所,很多科研副产品并未作为库存商品管理。例如在选育芒果的优良品种研究中,需要在基地种植上百亩的芒果树,在芒果树结果时,需要进行现场测试,对芒果的果形、大小、产量、口感等指标进行测试,并以此鉴定芒果的优良品种。此时容易出现科研人员直接将科研副产品——芒果进行售卖、相关收入未及时上缴单位或直接进入个人腰包的现象,容易形成"小金库"。这种情况下,就需要在经济业务发生时,即收入收缴环节进行管控。一是加强反腐倡廉警示教育,提高科研人员对收入统一核算的意识;二是财务人员要了解单位科研业务,加强对单位科研副产品的管理,做到心中有数;三是丰富收入缴存银行的方式,提供单位收款二维码,相关收入直接通过二维码缴存至单位银行账户;四是基地管理人员和科研负责人加强对科研副产品的监管,防止随意售卖、中饱私囊;五是财务部门及时统计分析收入情况,并与测试结果中的产量收入进行对比,发现差异较大的情况,及时向相关人员追缴相关收入,从而确保科研副产品的收入做到应收尽收。

(二)支出管理业务流程

作为农业科研院所,中国热科院本级的支出分类主要是财政拨款支出、非财政科研专项支出、对附属单位补助支出等。由于支出类型以及管理要求不同,在支出管理业务流程中,不同的支出在各个环节的风险有所不同,因此,在实际工作中,不同的支出的关键控制点也有所区别。例如,财政拨款支出的关键控制点在于防止超合同或实际进度支付款项、超预算或无预算支付、未经审批的重大支出以及经费之间相互挤占等。为了确保各项支出科学、合理、规范,并提高资金使用效益,制定支出管理业务流程。

1.业务流程简介

本流程主要规范院本级支出管理业务过程,保证支出合理,能切实保证单位运行以及科研事业的发展。本流程主要对支出的预算编制、支出审批和支付过程进行描述,适用于年度支出各个过程管理。

2.岗位设置

主要设置报销经办岗、审核岗、审批岗、会计、出纳等岗位。报销经办岗主要负责收集整理原始单据并按照相关要求填报财务报销系统;审核岗主要负责对报销经办岗提交的财务报销进行审核;审批岗主要是根据审批权限对支出报销的审批;会计岗主要负责审核原始单据及财务报销手续后编制、审核会计凭证;出纳主要负责根据审核后的会计凭证办理银行支付业务。

3.业务流程图

业务流程图见图4—5。

4.业务环节描述

环节1:财务处根据预算编制通知要求,组织院本级各部门按照归口管理业务编制相关支出预算。各部门根据序时进度编制支出用款计划。

环节2:部门正常运行支出以及项目任务支出按照任务书和工作安排预算执行,并按照支出审批权限履行报销审批手续。突发性、重大性支出按照"三重一大"原则要求,由相关部门提出申请后,报院常务会审议通过后执行。

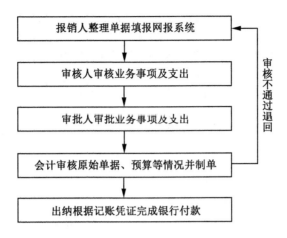

图4—5 支出管理业务流程图

环节3:财务处根据经办人提交的财务原始单据审核支出与经费来源是否相关,支出是否超预算,超预算支出是否履行预算调整审批程序。报销事项是否履行公务卡、政府采购、国库集中支付等要求。审核财务报销审批手续是否完整;开具的发票是否符合报销要求等。材料审核符合规定后会计给予报销并登记入账。

环节4:出纳根据会计凭证办理银行支出手续。月末和年末及时根据银行对账单进行对账。会计根据对账情况编制银行余额调节表。

5.支出业务主要风险点

支出业务主要风险点见表4—4。

表4—4 支出业务主要风险点

风险类别	风险点	风险等级	责任主体
工作任务风险	各部门未按照项目任务书等合理预计项目支出	据实核定	各部门
工作任务风险	财务部门未按照往年支出情况以及下年度院本级重点工作计划合理预计公用经费支出	据实核定	财务处
工作任务风险	财务处(房改部门)未按照上年度工资水平合理预计住房改革支出	据实核定	财务处
工作任务风险	人事部门未按照绩效工资制度以及引进人才等人员变动情况科学编制人员经费支出	据实核定	人事处
纪律制度风险	支出未按照规定履行审批手续	据实核定	各部门

风险类别	风险点	风险等级	责任主体
纪律制度风险	重大支出未经单位领导班子集体研究决定,可能导致错误或者舞弊的风险	重大	财务处、各部门
纪律制度风险	项目支出内容与项目无关、项目支出无预算或者超预算未履行预算调整手续	重大	财务处、各部门
纪律制度风险	支出不符合国库集中支付、政府采购、公务卡结算等国家有关政策规定	据实核定	财务处
纪律制度风险	基本支出和项目支出、财政资金和非财政专项资金之间相互挤占	重大	财务处、各部门
纪律制度风险	涉及"三重一大"事项未经单位集体决策审批	重大	各部门
工作任务风险	业务经办、财务核算和付款等不相容岗位未有效分离	重大	财务处
纪律制度风险	采用虚假或不符合要求的票据报销,可能导致虚假发票套取资金等支出业务违法违规的风险	重大	各部门
纪律制度风险	串用财政项目支付代码造成项目资金和实际支出不相符	据实核定	财务处
工作任务风险	出纳未及时对账,造成资金未及时支付	据实核定	财务处

6.支出业务主要控制措施

(1)明确各支出事项的开支范围和开支标准。支出事项有国家或者地方性法规制度规定的开支标准,如人员工资标准、差旅费报销标准、公用事业收费标准等,必须遵照执行。

(2)支出审批控制。院本级要求各项支出都应按流程审批后,财务处方可办理报销手续。院本级的支出审批程序设置了审批控制流程。审批控制包括对审批的权限和级别进行规定,包括分级审批、分额度审批、逐项审批等方式,审批人应当在授权范围内审批,不得越权审批。加强支出审批管理,单笔报销额度在2万元以下的由部门负责人审批;2万元及以上的需要部门分管院领导审批。

(3)加强支出审核控制。财务处在办理资金支付前全面审核各类单据,重点审核单据来源是否合法,内容是否真实、完整,使用是否准确,是否符合预算,审批手续是否齐全。支出凭证应当附反映当时支出明细内容的原始单据,并由经办人员签字。超出规定标准的支出事项应由经办人员说明原因并附审批依据,确保与经济业务事项相符。

实践思考

农业科研院所的支出主要是财政拨款支出、非财政专项支出以及自有资金弥补的其他基本支出。在实际工作中,农业科研院所的非财政专项支出管理比较复杂,主要是由于每个专项的管理要求不一致,地方非财政专项和中央部委非财政专项都有各自的管理办法。虽然部分管理办法大同小异,但是由于项目繁多,众多细微的不同要求对审核人员来说也是一个不小的"挑战",此时,能按照不同的管理办法严格审核项目支出就显得尤为重要。另外,有效的内部业务控制流程可以对发生的支出进行多环节管控。一是提高预算执行的意识。科研项目执行有自己的规律,支出的内容基本可控,严格按照合同约定的预算执行,是确保项目绩效目标顺利完成的基础。二是强化审批管理。科研项目执行过程中或多或少会遇到不同的调整,如项目负责人调整、任务调整、预算经济分类调整等,应该建立履行审批的管理模式,并进行痕迹管理,确保项目合法合规地执行。三是项目负责人及时跟踪项目执行以及财务人员要做好统计分析工作,确保项目负责人能及时掌握项目执行的最新数据,为下一步项目执行计划提供财务支撑。四是财务人员要及时学习与单位业务相关的各类非财政管理办法和实施细则,学习并运用到实际工作中,对操作中存在的疑惑,可以与同行进行沟通或者与上级主管部门进行咨询,及时在财务审核环节能及时发现"不合理"支出,确保项目顺利执行。

三、政府采购管理

作为农业科研院所,中国热科院本级的资金来源主要为财政性资金,政府采购主要包括货物类、工程类和服务类采购项目。在政府采购管理业务中,全流程周期较长,相关的法律法规也较多,因此,在实际工作中,各环节的关键控制点也有所不同,政府采购管理的风险防控在整个单位的内部控制中属于重点关注的领域。

(一)政府采购管理业务流程简介

院本级政府采购业务主要有6个环节,分别为政府采购计划填报、政府采购计划审核、组织实施采购、采购合同签订、采购合同执行、验收和交付使用。

(二)政府采购管理岗位职责设置

政府采购类业务设置经办岗和审核岗。经办岗、审核岗设置在政府采购管理部门,经办岗负责根据货物、服务类政府采购计划组织采购、配合验收;审核岗负责根据政府采购预算和资产配置计划审核年度货物、服务类政府采购计划和采购合同,牵头验收工作。

(三)政府采购管理业务流程图

政府采购管理业务流程图见图 4—6。

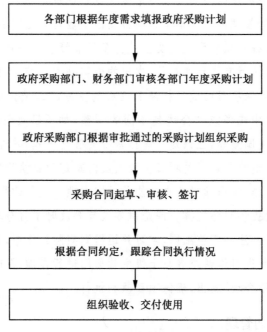

图 4—6　政府采购业务流程图

(四)政府采购管理业务环节描述

环节 1:各采购需求部门根据年度工作需要和经费批复情况填报货物、服务和工程类政府采购计划,采购计划必须明确经费来源、品目、数量、单价、规格、技术参数等需求,经部门负责人审核签字后报送政府采购管理部门。

环节 2:政府采购管理部门审核岗会同财务部门根据年度政府采购预算、资产配置计划和配置标准情况,审核各采购需求部门填报的政府采购计划,完善采购计划后经政府采购管理部门和财务部门审核人、负责人签字后报送政府采购管理分管领导审批。

环节 3:政府采购管理部门经办岗根据审批后的年度政府采购计划组织

采购,属于政府集中采购目录的品目委托中央国家机关政府采购中心组织采购,其中属于批量采购的严格执行批量采购;属于政府集中采购目录外的品目可自行采购,达到限额以上的货物、服务和工程类采购可委托社会代理机构或集中采购机构组织采购。同时,政府采购管理部门经办岗应及时、准确填报财政部的政府采购计划,按要求发布采购意向,监督代理机构按要求发布采购公告、采购结果公告。

环节4:政府采购管理部门经办岗根据采购结果与业务部门联合,起草采购合同,报送政府采购管理部门审核岗、财务部门、院办公室审核,分管领导审批。

环节5:政府采购管理部门经办岗根据合同约定与业务部门联合,跟踪、监督合同执行情况。同时,政府采购管理部门经办岗应及时、准确填报财政部的政府采购执行情况。

环节6:政府采购管理部门审核岗牵头组成验收小组对采购的执行结果进行严格验收,验收通过的由验收小组签字;验收未通过的提出整改意见,直至整改到位验收通过后由验收小组签字,验收通过后交付使用。

(五)政府采购管理业务主要风险点

政府采购管理业务主要风险点见表4-5。

表4-5　　　　　　　　　　政府采购管理业务主要风险点

风险类别	风险点	风险等级	责任主体
纪律制度风险	采购程序不符合政府采购法律法规的要求,未按要求发布政府采购意向、采购公告和采购结果公告,采购需求带有倾向性	重大	相关部门、财务处
工作任务风险	合同条款与招投标文件条款不符,未按合同严格执行	据实核定	财务处
纪律制度风险	验收结果与合同和招投标文件不符,超标准、超计划采购	重大	相关部门、财务处

(六)政府采购管理主要控制措施

1.采购需求部门应加强与政府采购管理部门沟通、协调,充分了解政府采购政策要求,确保提出的采购计划既能满足工作需求又能符合政策规定。

2.采购需求部门应做好市场调研,充分了解采购的产品市场行情、属性等,政府采购部门要严格控制采购预算,加强招标文件审核,带有倾向性的技术参数和商务条款不得纳入招标文件。

3.严格按政府采购的有关要求履行程序,填报政府采购计划、执行情况,发布政府采购意向、采购公告和采购结果公告。

4.政府采购管理部门、财务部门、院办公室应各尽其责,严格政府采购合同审核,从合同与招投标文件条款的一致性、预算和付款方式、采购程序和纠纷条款等重点审核。

5.政府采购管理部门应加强验收工作,必要时组织外单位熟悉相关货物、服务的专家成立验收小组,严格按照合同和招投标文件进行验收。

6.政府采购管理部门应加强采购计划配置标准审核,采购环节严格按采购计划预算执行采购,避免超标准采购、超计划采购。

实践思考

政府采购历来是廉政高风险岗位,违规案例频发,违规违纪风险较大。单位应加强各个环节审核控制,使采购行为合法合规,并形成闭环。重点关注:一是计划环节,政府采购计划是否与预算相对应,是否包括全部应纳入政府采购范围的项目,是否选择了正确的组织形式和采购方式。二是立项环节,集中采购目录内项目是否委托集中采购机构采购,是否按照协议供货、定点采购、批量采购的有关规定执行。达到公开招标限额标准的项目是否采取公开招标方式,未达到公开招标限额标准的项目是否按规定合理选择采购方式。三是审批环节,涉及进口产品采购的项目是否已事前履行审批手续,准备采购的项目是否已编入政府采购计划。四是政策落实,涉及节能环保产品采购的,评分条款及其他条款是否体现强制和优先采购节能环保产品政策,是否落实中小企业扶持政策。五是采购环节,采购活动是否按照法定程序开展,是否在财政部指定的媒体发布信息公告,是否按规定组成评标委员会、谈判小组、询价小组等,其中专家应在财政部专家库抽取,评分、谈判、确定供应商是否符合采购文件约定。

四、资产管理

中国热科院本级对资产实行分类管理,建立健全资产内部管理制度,合理设置岗位,明确相关岗位的职责权限,确保资产安全和有效使用。

(一)货币资金管理

1.货币资金管理业务流程简介

货币资金主要包括库存现金、银行存款、零余额账户用款额度等。本流程主要规范单位货币资金业务管理过程,旨在保证单位货币资金的使用、管理等合法合规。单位可根据实际情况设置货币资金管理业务流程、银行账户管理业务流程等,中国热科院本级重点就银行账户管理进行了业务流程控制。

2.货币资金管理业务主要风险点

货币资金管理业务主要风险点见表4—6。

表4—6　　　　　　　　　货币资金管理业务主要风险点

风险类别	风险点	风险等级	责任主体
工作任务风险	财务核算部门未实现不相容岗位相互分离,出纳人员既办理资金支付又经管账务处理,由一个人保管收付款项所需的全部印章,可能导致货币资金被贪污挪用的风险	重大	财务处
工作任务风险	对资金支付申请没有严格审核把关,支付申请缺乏必要的审批手续,大额资金支付没有实行集体决策和审批,可能导致资金被非法套取或者被挪用的风险	重大	财务处
工作任务风险	货币资金的核查控制不严,未建立定期、不定期抽查核对库存现金和银行存款余额的制度,可能导致货币资金被贪污挪用的风险	据实核定	财务处
纪律制度风险	未按照有关规定加强银行账户管理,出租、出借账户,可能导致单位违法违规或者利益受损的风险	重大	财务处

3.货币资金管理业务主要控制措施

(1)不相容岗位分离控制。建立健全货币资金管理岗位责任制,合理设置岗位,不得由一人办理货币资金业务的全过程,确保不相容岗位相互分离。关键控制措施包括如下几个方面:

一是加强出纳人员管理。任用出纳人员之前应对其职业道德、业务能力和背景等进行必要的调查,确保具备从事出纳工作的职业道德水平和业务能力。出纳不得兼管稽核、会计档案保管和收入、支出、债权、债务账目的登记工作。

二是加强印章管理。严禁一人保管收付款项所需的全部印章。财务专用章由专人保管,个人名章由本人或其授权人员保管。负责保管印章的人员配置单独的保管设备,并做到人走柜锁。

三是加强签章管理。按照规定由有关负责人签字或盖章的,严格履行签字或盖章手续。

(2)授权审批控制。建立货币资金授权制度和审核批准制度,明确审批人对货币资金的授权批准方式、权限、程序、责任和相关控制措施,规定经办人办理货币资金业务的职责范围和工作要求。审批人根据货币资金授权批准制度的规定,在授权范围内进行审批,不得超越权限审批。大额资金支付审批实行集体决策。经办人在职责范围内,按照审批人的批准意见办理货币资金业务。对于审批人超越授权范围审批的货币资金业务,经办人有权拒绝办理。

(3)银行账户控制。加强对银行账户的管理,严格按照规定的审批权限和程序开立、变更、撤销银行账户。禁止出租、出借银行账户。

(4)货币资金核查控制。指定不办理货币资金业务的会计人员定期和不定期抽查盘点库存现金,核对银行存款余额,抽查银行对账单、银行日记账及银行存款余额调节表,核对是否账实相符、账账相符。对调节不符、可能存在重大问题的未达账项及时查明原因,并按照相关规定处理。

实践思考

货币资金管理业务管控主要是加强相互监督、相互制约,防止高流动性的货币资金发生损失的风险。流程梳理主要关注事项包括:单位是否已建立货币资金业务管理相关内控制度,制度是否覆盖货币资金使用的申请与审核、货币资金的核查、银行账户管理等环节。各关键环节是否覆盖了关键控制点:

(1)货币资金使用的申请与审核关键控制点:按权限审批;印章管理。

(2)货币资金的核查关键控制点:定期核查、盘点、对账。

(3)银行账户管理关键控制点:单位银行账户类型,开立、变更、撤销程序及年检。

4.银行账户管理

在行政事业单位货币资金管理业务中,银行账户管理的要求较严、风险较大,是货币资金管理业务重点关注的领域,也是检查和审计的重点环节。

（1）银行账户管理业务岗位职责设置

银行账户管理业务设置经办岗和审核岗。经办岗和审核岗设置在财务处,经办岗负责受理各单位银行账户开立及变更申请、定期存款账户备案、银行账户年检申请等业务;审核岗负责对经办岗的办理结果进行复核。

（2）银行账户管理业务流程图

①审批类账户业务流程图

审批类账户业务流程图见图4－7。

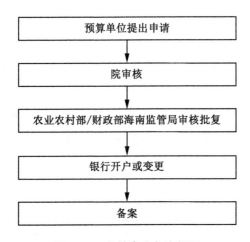

图4－7　审批类业务流程图

②备案类账户业务流程图

备案类账户业务流程图见图4－8。

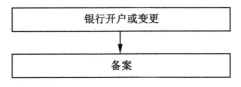

图4－8　备案类账户业务流程图

（3）银行账户管理业务环节描述

①审批类账户

环节1:各预算单位需开立或变更审批类银行账户,必须向院提出申请,院本级需向农业农村部计划财务司提出申请,并提交相关证明材料。

环节2:单位提出银行账户开立或变更申请,经院审核批准后,报农业农村部/财政部驻当地监管局审批。

环节3:农业农村部/财政部驻当地监管局审核批复后,申请单位取得"中央预算单位开立银行账户批复书"。

环节4:申请单位凭"中央预算单位开立银行账户批复书"原件及账户申请表到银行办理开户手续。

环节5:申请单位银行账户开立完成后,按要求向农业农村部/财政部驻当地监管局报送开户备案资料,附备案表及批复书复印件。

②备案类账户

环节1:各预算单位需开立或变更备案类银行账户,直接到银行办理开户或变更手续。

环节2:申请单位银行账户开立完成后,按要求向农业农村部/财政部驻当地监管局报送开户备案资料,附备案表及开户许可证复印件。

(4)银行账户管理业务主要风险点

银行账户管理业务主要风险点见表4-7。

表4-7 银行账户管理业务主要风险点

风险类别	风险点	风险等级	责任主体
工作任务风险	未经批准,私设银行账户	重大	财务处
工作任务风险	未按要求进行银行账户年检	一般	财务处

(5)银行账户管理业务主要控制措施

①逐级审批。审批类银行账户必须由申请单位提出申请,经上级主管单位审核批准,院本级需报农业农村部计划财务司会计处审核批准,各单位报农业农村部/财政部驻当地监管局审批,方可开立或变更。

②多岗牵制。院财务处负责审核院属单位银行账户开立或变更申请。院属单位提出的银行账户开立或变更申请,由经办岗受理,审核相关申请材料的真实性和完整性,并依据相关管理办法提出银行账户开立或变更的合规性和可行性意见,由院财务处分管业务的副处长进行复核,再由院财务处负责人提

出是否同意申报意见,经分管副院长批准后,报财政部驻当地监管局审批。

③建立银行账户年检制度。银行账户年检为每两年一个年检周期,年检时要求对截至上年 12 月 31 日保留的所有银行账户填写《中央预算单位银行账户年检申请表》,报送所在地财政监管局。院财务处结合银行账户年检情况,对预算单位银行账户管理情况实行就地抽查。

④规范流程。制定了《中国热带农业科学院银行账户管理暂行办法》,实现了以管理制度规范银行账户的各环节,确保银行账户管理业务有章可循、有据可依。

实践思考

近年来,事业单位因货币资金管理存在漏洞,特别是银行账户管理责任未能压实到各岗位中,发生重大违规违纪的情况较多,往往造成单位货币资金损失较大。例如,某单位因出纳岗长期由一人担任,银行支付印章均由出纳一人保管,银行对账流于形式,导致出纳人员私自将单位货币资金挪用,当案件暴露时,已造成数百万元无法挽回的损失。

(二)国有资产配置管理

国有资产配置在单位的国有资产管理中处于最前端的控制环节,为了贯彻落实厉行节约的有关要求,对事业单位的国有资产配置提出了更高的要求。

1.国有资产配置管理业务流程简介

院本级国有资产配置管理业务有 5 个环节,分别为提出资产配置需求、编制资产配置预算、院决策、报批、配置。

2.国有资产配置管理业务岗位设置

国有资产配置业务设置经办岗和审核岗。经办岗和审核岗设置在院财务处,经办岗负责根据院本级资产存量情况、人员编制和资产配置标准编制院本级资产配置预算;审核岗负责对经办岗的办理结果和全院资产配置预算进行审核后上报。

3.国有资产配置管理业务流程

国有资产配置管理业务流程见图 4—9。

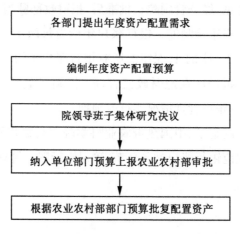

图 4—9　国有资产配置管理业务流程图

4. 国有资产配置管理业务环节描述

环节 1：经办岗在年度部门预算编制前，组织院本级各部门根据履行职能的需要，提出下一年度拟新购置资产的品目、数量和所需经费。各部门资产配置预算经部门负责人审核签字后报经办岗。

环节 2：经办岗根据资产的存量、使用及其绩效情况，结合各部门申报的配置需求，编制院本级资产配置预算。

环节 3：审核岗根据单位资产存量情况、人员编制和资产配置标准等，对全院单位资产配置预算进行审核，经审核的院本级资产配置预算并入部门预算。

环节 4：经单位领导班子集体研究同意后，资产配置预算随部门预算一并上报农业农村部审批。

环节 5：院根据农业农村部部门预算批复配置资产。

5. 国有资产配置管理业务主要风险点

国有资产配置管理业务主要风险点见表 4—8。

表 4—8　　　　　　　　国有资产配置管理业务主要风险点

风险类别	风险点	风险等级	责任主体
工作任务风险	资产配置预算与实际脱节，难以实施	一般	各部门
纪律制度风险	资产配置超标准，违反厉行节约等相关规定	重大	财务处

6.国有资产配置管理主要控制措施

(1)应加强部门之间沟通协调和信息共享,避免出现漏报或错报资产配置预算的现象,确保基础数据全面完整,提高资产配置预算编制工作的科学性。

(2)根据单位履行职能的需要,按照国家有关法律、行政法规和规章制度的程序,合理配置资产。同时,院财务处应加强审核是否存在超标准配置的资产,严格资产配置标准和配置数量,杜绝出现超标准配置的现象。

实践思考

随着国家对厉行节约政策的落实,财政部门和监督管理部门越来越关注各单位在资产配置上是否与单位履职相符,是否存在超标准配置办公用房、家具等资产。近年来,国家也在逐步推动国有资产的绩效评价工作,并将评价结果直接跟单位的资产配置挂钩,相信不久将会逐步推行。目前,行政事业单位的资产配置标准主要依据《中央行政单位通用办公设备家具配置标准》(财资〔2016〕27号),包括资产品目、配置数量上限、价格上限、最低使用年限和性能要求等内容,参照《公务员法》管理的事业单位和执行行政单位财务及会计制度的其他中央事业单位和社会团体配置通用办公设备、家具的,依照该标准执行。具体标准如下(见表4—9、表4—10):

表4—9　　　　　中央行政单位通用办公设备配置标准表

资产品目			数量上限(台)	价格上限(元)	最低使用年限(年)	性能要求
台式计算机(含预装正版操作系统软件)			结合单位办公网络布置以及保密管理的规定合理配置。涉密单位台式计算机配置数量上限为单位编制内实有人数的150%;非涉密单位台式计算机配置数量上限为单位编制内实有人数的100%	5 000	6	按照《中华人民共和国政府采购法》的规定,配置具有较强安全性、稳定性、兼容性,且能耗低、维修便利的设备,不得配置高端设备
便携式计算机(含预装正版操作系统软件)			便携式计算机配置数量上限为单位编制内实有人数的50%。外勤单位可增加便携式计算机数量,同事酌情减少相应数量的台式计算机	7 000	6	
打印机	A4	黑白	单位A3和A4打印机的配置数量上限按单位编制内实有人数的80%计算,由单位根据工作需要选择配置A3或A4打印机。其中,A3打印机配置数量上限按单位编制内实有人数的15%计算。确有需要配备彩色打印机的,经单位资产管理部门负责人同意后根据工作需要合理配置,配置数量上限按单位编制内实有人数的3%计算	1 200	6	
		彩色		2 000		
	A3	黑白		7 600	6	
		彩色		15 000	6	
	票据打印机		根据机构职能和工作需要合理配置	3 000	6	

续表

资产品目	数量上限（台）	价格上限（元）	最低使用年限（年）	性能要求
复印机	编制内实有人数在100人以内的单位，每20人可以配置1台复印机，不足20人的按20人计算；编制内实有人数在100人以上的单位，超出100人的部分每30人可以配置1台复印机，不足30人的按30人计算	35 000	6年或复印30万张纸	按照《中华人民共和国政府采购法》的规定，配置具有较强安全性、稳定性、兼容性，且能耗低、维修便利的设备，不得配置高端设备
一体机/传真机	配置数量上限按单位编制内实有人数的30%计算	3 000	6	
扫描仪	配置数量上限按单位编制内实有人数的5%计算	4 000	6	
碎纸机	配置数量上限按单位编制内实有人数的5%计算	1 000	6	
投影仪	编制内实有人数在100人以内的单位，每20人可以配置1台投影仪，不足20人的按20人计算；编制内实有人数在100人以上的单位，超出100人的部分每30人可以配置1台投影仪，不足30人的按30人计算	10 000	6	

注：价格上限中的价格指单台设备的价格。

表4—10　　　　　　　　中央行政单位通用办公家具配置标准表

资产品目		数量上限（套、件、组）	价格上限（元）	最低使用年限（年）	性能要求
办公桌		1套/人	司局级：4 500 处级及以下：3 000	15	充分考虑办公布局，复合简朴使用、经典耐用要求，不得配置豪华家具，不得使用名贵木材
办公椅			司局级：1 500 处级及以下：800		
沙发	三人沙发	视办公室使用面积，每个处级及以下办公室可以配置1个三人沙发或2个单人沙发，司局级办公室可以配置1个三人沙发和2个单人沙发	3 000	15	
	单人沙发		1 500		
茶几	大茶几	视办公室使用面积，每个办公室可以选择配置1个大茶几或者1个小茶几	1 000	15	
	小茶几		800		
桌前椅		1个/办公室	800	15	
书柜		司局级：2组/人	2 000	15	
		处级及以下：1组/人	1 200	15	
文件柜		1组/人	司局级：2 000 处级及以下：1 000	20	
更衣柜		1组/办公室	司局级：2 000 处级及以下：1 000	15	

资产品目	数量上限(套、件、组)	价格上限(元)	最低使用年限(年)	性能要求
保密柜	根据保密规定和工作需要合理配置	3 000	20	充分考虑办公布局,复合简朴使用,经典耐用要求,不得配置豪华家具,不得使用名贵木材
茶水柜	1组/办公室	1 500	20	
会议桌	视会议室使用面积情况配置	会议室使用面积在50(含)平方米以下:1 500元/平方米;50~100(含)平方米:1 200元/平方米;100平方米以上:1 000元/平方米	20	
会议椅	视会议室使用面积情况配置	800	15	

备注:1. 配置具有组合功能的办公家具,价格不得高于各单项资产的价格之和。

2. 价格上限中的价格指单件家具的价格。

（三）固定资产日常管理

固定资产的日常管理是较为烦琐的工作,一直以来是行政事业单位管理过程中较为薄弱的环节,把一个单位的资产日常管理工作管好了,相当于把一个家打理得井井有条,使得单位的管理水平不断提高,为单位的正常运转提供了基础保障。

1.固定资产日常管理业务环节

主要包括5个环节,即领用和入账、使用和维护、处置审批、实物处置、账务调整。

2.固定资产日常管理业务岗位职责设置

固定资产日常管理业务设置使用部门资产管理员、单位资产管理员2个岗位。使用部门资产管理员设置在单位各固定资产使用部门,负责本部门固定资产日常管理,办理资产领用、登记入账,归集资产申报审批事项材料,监督本部门人员严格按规定使用、保管固定资产,协助资产管理部门资产盘点、清查等;单位资产管理员设置在单位资产管理部门,负责本单位固定资产台账管理,组织资产盘点、清查,处理各部门资产申报审批事项。

3.固定资产日常管理业务流程

固定资产日常管理业务流程见图4—10。

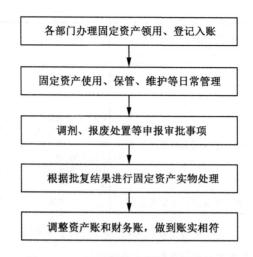

图4—10　固定资产日常管理业务流程图

4.固定资产日常管理业务环节描述

环节1:固定资产到货验收后,各部门资产管理员办理资产领用手续,落实资产使用人后到资产管理部门办理固定资产登记,单位资产管理员登记入账,完成资产交付和入账手续。

环节2:资产使用人领取固定资产后,按规定使用、保管、维护所使用的资产,对资产日常使用管理负全责。资产发生使用人变动时,应及时办理资产移交并变更资产台账的使用人。

环节3:各部门经清查盘点,计划将固定资产调剂给其他单位或报废等,由使用人提出申请,各部门资产管理员按要求归集申报材料后提交资产管理部门,提出调剂、报废等处置申请。

环节4:资产管理部门的单位资产管理员根据申报材料,按权限进行审批后,根据批复进行固定资产实物处理。

环节5:单位资产管理员根据批复和实物处理结果进行资产账调整,同时报送财务部门进行财务账调整,做到账实相符、账账相符。

5.固定资产日常管理业务主要风险点

固定资产日常管理业务主要风险点见表4—11。

表 4－11　　　　　　　　固定资产日常管理业务主要风险点

风险类别	风险点	风险等级	责任主体
工作任务风险	管理不善造成账实不符,未按规定落实固定资产的使用、保管和维护责任,造成国有资产损失	据实核定	各部门、资产使用人

6.固定资产日常管理业务主要控制措施

(1)各部门资产管理员应在领用资产后及时落实使用人,办理资产登记入账手续,在发生资产信息变更时及时上报资产管理部门进行台账调整,做到账实相符。

(2)各部门负责人应重视本部门固定资产管理情况,落实日常管理责任,定期盘点、核实本部门占用固定资产的使用情况,各使用人应加强各自领用资产的管理。

实践思考

中国热科院一直以来重视资产管理工作,在做好日常管理的前提下争取盘活各类资产,管理成效显著,多次获得主管部门的通报表扬。做好固定资产管理工作,对于提升单位国有资产管理整体水平、更好地服务与保障单位履职和事业发展,具有重要意义。为此,财政部印发了《关于加强行政事业单位固定资产管理的通知》(财资〔2020〕97号),要求各单位对固定资产管理承担主体责任,并将责任落实到人。固定资产使用人员要切实负起责任,爱护和使用好固定资产,确保固定资产安全完整,高效利用。要认真对照管理要求,针对固定资产验收登记、核算入账、领用移交、维修保管、清查盘点、出租出借、对外投资、回收处置、绩效管理等重点环节,查漏补缺,明确操作规程,确保流程清晰、管理规范、责任可查。

(四)固定资产出租出借管理

事业单位国有资产出租出借主要以房产的出租出借为主,这也是事业单位自有资金的主要来源之一。以中国热科院本级为例,固定资产出租出借收入占了国有资产出租出借收入的全部,如何有效地管控好固定资产出租出借事项,确保国有资产收益应收尽收,对保障事业单位的长期稳定发展尤其重要。

1. 固定资产出租出借管理业务环节

主要有 5 个环节,即固定资产出租出借准备、招租、决策、承办、后续管理。

2. 固定资产出租出借管理业务岗位职责设置

设置经办岗 1 个,设在各单位相关部门;审核岗 1 个,设在院财务处。经办岗负责收集整理本单位国有资产出租出借的相关材料,具体办理出租出借手续;审核岗负责对国有资产出租出借事项备案的审核和上报。院本级房屋资产出租经办岗设在海南中热发农业科技有限公司。

3. 固定资产出租出借管理业务流程

固定资产出租出借管理业务流程见图 4—11。

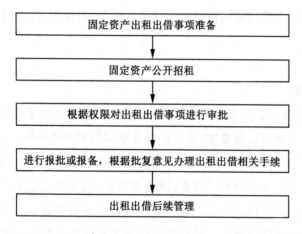

图 4—11 国定资产出租出借业务流程图

4. 固定资产出租出借管理业务环节描述

环节 1:经办岗根据国有资产管理办法的相关规定,收集整理需要出租出借的事项进行申请,并对材料的真实性、准确性负责。

环节 2:审核岗负责组织院相关部门组成院本级出租出借领导小组及出租出借工作小组,对出租出借进行前期调研审核,负责出租出借的宣传、公告、招商、可行性分析等。

环节 3:根据国家有关行政法规的规定及审批权限,院领导班子对出租出借事项进行决策。

环节 4:院根据资产出租出借相关管理规定进行报批或报备,办理承租合同签订、出租出借事项公示等。

环节5:财务处负责监督固定资产出租出借收入足额及时缴交,保卫处负责定期或不定期的安全检查,院办公室负责法律纠纷的处理。

5.固定资产出租出借管理业务主要风险点

固定资产出租出借管理业务主要风险点见表4—12。

表4—12　　　　　　　　固定资产出租出借管理业务主要风险点

风险类别	风险点(具体描述)	风险等级	责任主体
工作任务风险	固定资产出租出借实施环节是否公开、公平、公正,出租出借低价确定是否公允	一般	财务处、相关部门
工作任务风险	出租出借合同是否存在违约后维权风险	一般	院办公室

6.固定资产出租出借管理业务主要控制措施

(1)应完善资产出租出借管理办法及相关配套制度,规范出租出借的审批、评估、公开招租、管理等一系列操作流程。

(2)加强对出租出借合同的审核,防范法律风险。

(3)房屋出租出借应引入市场竞争机制,实行公开招租。出租出借资产,必要时应采取评审或资产评估的办法确定是否出租。

实践思考

事业单位固定资产出租出借主要以房屋出租业务为主,日常管理中,最难管控的或发生纠纷的环节是在房屋出租后续管理上,主要包括:承租人擅自转租,承租人擅自改变用途,承租人未按合同约定缴纳租金等。针对上述常见问题,中国热科院本级提前进行规划,以公开招租方式为主,首先,在发布公开招租公告时就将事业单位国有资产出租出借的有关要求进行了约定,比如承租户不得转租、承租期不得超过5年等;其次,将租赁合同样本一并进行了公告,避免了承租合同签订环节产生较大歧义;再次,在承租合同条款中明确约定承租人违约责任;最后,为避免造成重大风险隐患,重大租赁合同均提请给专业的法律顾问审核把关。

（五）国有资产对外投资管理

事业单位国有资产对外投资对科技成果转化起到了较大的推动作用，特别是在对接市场方面起到了纽带的作用，如何将事业单位对外投资发挥最大效用，确保国有资产保值增值，对事业单位的发展尤为重要。

1.国有资产对外投资管理业务的环节

国有资产对外投资管理业务的 4 个环节分别是可行性研究、审查、决策、监管。

2.国有资产对外投资管理业务岗位职责设置

国有资产对外投资业务设置经办岗和审核岗。经办岗设置在成果转化处，负责收集整理利用院本级国有资产对外投资的相关材料、进行可行性论证等；审核岗设置在成果转化处，负责对全院国有资产对外投资事项的申报材料完整性、项目实施可行性等进行审核。

3.国有资产对外投资管理业务流程

国有资产对外投资管理业务流程见图 4—12。

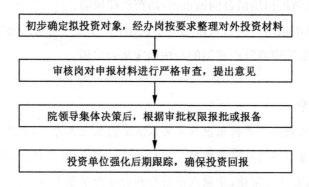

图 4—12　国有资产对外投资管理业务流程图

4.国有资产对外投资管理业务环节描述

环节 1：经办岗根据国有资产管理办法的相关规定，对院本级国有资产对外投资事项进行可行性分析，对拟投资资产进行资产评估或验资，与拟合作方签订合作意向书、协议草案或合同草案，收集整理对外投资申报材料，并对材料的真实性、准确性负责。

环节 2：审核岗会同财务处、纪检监察审计室等部门对经办岗的办理结果和全院国有资产对外投资申报材料进行严格审查,就申报材料的完整性、项目实施的可行性、院属单位决策过程的合规性等方面提出审核意见。经审核的对外投资申报材料按相关文件要求,提交院领导集体审议。

环节 3:经院领导集体决策后,由经办岗根据审批权限准备报批(报备)相关材料。

环节 4:根据批复进行对外投资,履行出资人职责,保障国有资产对外投资收益。

5.国有资产对外投资管理业务主要风险点

国有资产对外投资管理业务主要风险点见表 4—13。

表 4—13　　　　　　　　国有资产对外投资管理业务主要风险点

风险类别	风险点	风险等级	责任主体
工作任务风险	对外投资决策程序不当,未经集体决策,导致投资失败	重大风险	相关单位
工作任务风险	对投资业务缺乏有效的监督和追踪管理,造成投资损失和资产流失	据实核定	相关单位、成果转化处

6.国有资产对外投资管理业务主要控制措施

(1)单位进行对外投资属重大经济事项,应当由单位领导班子在专家论证和技术咨询的基础上集体研究决定。对在对外投资中出现重大决策失误、未履行集体决策程序和不按规定执行对外投资业务的部门及人员,应当追究相应的责任。

(2)合理设置岗位,明确相关岗位的职责权限,确保对外投资的可行性研究与评估、对外投资的决策与执行、对外投资处置的审批与执行等不相容岗位分离。

(3)应履行出资人职责,对关系国有资产出资人权益的重大事项,坚持领导班子集体决策,确保国有资产保值增值,防止国有资产流失。

实践思考

事业单位对外投资事项普遍存在"重投资,轻管理,弱监督"的现象,在投资申报审批阶段的市场调查、可行性论证等方面持乐观态度较多,企业成立以后缺乏有效的运营管理和监督,市场竞争力逐步弱化,导致经营不善、连年亏损、利润不分配的对外投资较多。以中国热科院本级为例,前后的对外投资事项多达十几项,但仅有一家参股的对外投资盈利并取得分红,实现了对外投资保值增值的目标,大部分对外投资事项均以经营不善倒闭。因此,事业单位对外投资应注重在申报审批阶段的市场调查、可行性论证方面,充分论证企业的未来发展前景,市场竞争力,搭建起行之有效的运行管理框架,过程中参与对外投资企业的"三重一大"事项决策,同时加强对外投资企业监督管理,定期或不定期地开展专项或全面检查,必要时委托第三方专业机构进驻核查,避免国有资产流失。

(六)固定资产处置管理

行政事业单位国有资产主要是以固定资产为主,日常工作中,单位资产处置事项涉及较多的是固定资产处置,也是国有资产管理业务中最后的一环,如何规范管控好固定资产业务防止国有资产流失至关重要。

1.固定资产处置管理业务环节

主要有 6 个环节,即固定资产处置申请、材料审核、专家论证、决策审批、实物处置、账务调整。

2.固定资产处置管理业务岗位职责设置

固定资产处置业务设置经办岗和审核岗。经办岗设置在单位资产管理部门,负责收集、整理、组织国有资产处置的申报材料,配合处置事项专家论证,组织实物处置;审核岗设置在单位资产处置工作组,负责根据事业单位国有资产处置的有关要求对各部门、单位资产处置事项进行审核,牵头组织处置事项专家论证,监督实物处置。

3.固定资产处置管理业务流程

固定资产处置管理业务流程见图 4—13。

4.固定资产处置管理业务环节描述

环节 1:各部门根据资产使用情况,按年度归集本部门资产处置事项材料,填报资产处置申请,经办人和部门负责人签字后加盖部门公章报送资产管理部门,对材料的真实性、准确性负责。

环节 2:资产管理部门资产处置业务经办岗收集、整理各部门上报的资产处置申报材料,并按国有资产处置的要求组织申报材料报送资产处置工作组审核。

环节 3:资产处置工作组审核岗根据资产处置的相关规定对经办岗和各

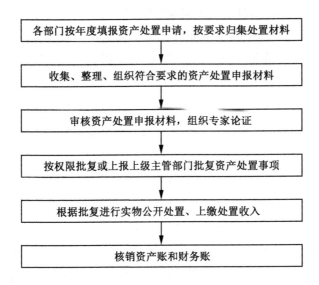

各部门按年度填报资产处置申请，按要求归集处置材料

收集、整理、组织符合要求的资产处置申报材料

审核资产处置申报材料，组织专家论证

按权限批复或上报上级主管部门批复资产处置事项

根据批复进行实物公开处置、上缴处置收入

核销资产账和财务账

图 4—13 固定资产处置管理业务流程图

单位报送的材料进行审核,组织专家组对材料符合要求的资产处置事项进行论证,提出专家论证意见后签字确认。

环节 4:资产处置业务审核岗将专家组同意处置的事项再次归集整理,上报单位领导班子研究决议,并按班子决议和资产处置权限批复或上报上级主管部门批复。

环节 5:资产处置业务经办岗根据批复文件对实物进行公开处置,处置收入及时上缴国库。

环节 6:资产处置业务经办岗将资产处置批复文件、实物处置情况及相关材料报送资产管理部门和财务管理部门分别进行资产账和财务账核销。

5.固定资产处置管理业务主要风险点

固定资产处置管理业务主要风险点见表 4—14。

表 4—14 固定资产处置管理业务主要风险点

风险类别	风险点(具体描述)	风险等级	责任主体
工作任务风险	资产处置不及时,未按权限审批资产处置事项	重大	财务处
纪律制度风险	资产实物处置未按规定进场交易,资产处置收入流失	重大	财务处

6. 固定资产处置管理业务主要控制措施

(1)各部门负责人应重视本部门资产管理情况,进行定期盘点、核实本部门占用资产的使用情况,各使用人应加强各自领用资产的管理,对确需进行处置的资产应及时上报本部门资产管理员。

(2)资产管理部门应严格按照事业单位国有资产处置的要求办理各资产处置事项,并规范办理程序,严禁超资产处置权限审批资产处置事项。

(3)资产管理部门在办理实物处置时应遵循公开、公平、公正的原则,属于环保回收的电子产品委托有资质的公司进行环保回收处理;具有残值的实物委托中介机构进行评估、产权交易机构进行公开拍卖;确无残值的实物处置前应进行公示,严禁个人或单位私自处置国有资产。

(4)财务部门应在取得国有资产处置收入时,在扣除相关税金、评估费等费用后,按照政府非税收入管理和财政国库收缴管理的有关规定及时上缴中央国库。

实践思考

中国热科院本级在办理固定资产处置事项时,严格按照主管部门发布的《农业部部属事业单位国有资产管理暂行办法》(农财发〔2010〕102 号)的有关规定执行。实务中,首先,注意审查固定资产处置是否符合处置的条件,如使用年限、资产现状、处置理由、材料的完整性等;其次,固定资产处置事项必须经单位领导班子决策,并根据决策意见属于授权范围内的处置事项正式发文审批并报备,非授权范围内的处置事项提前上级主管部门审批;再者,在实物处置环节严格按照财政部、国管局关于中央级事业单位国有资产实物处置的要求,电子产品委托给有资质的环保回收公司统一回收,其他的固定资产委托给产权交易所进行评估、拍卖,做到公开、公平、公正;最后,资产处置收入在扣除相关税费、评估费等相关成本后形成的处置收益及时上缴中央国库,与此同时,同步做好资产账和财务账销账工作,做到"物灭账销"。

五、建设项目管理

作为农业科研院所,热科院本级的基本建设项目主要涉及房屋新建、基础设施建设、仪器设备购置、田间实验室等建设内容。由于基建项目的特殊性，基建项目从立项到项目完工历经的环节过程较多，且每个环节都存在不同的风险，因此，在实际工作中，基本建设项目的关键控制点在不同的环节体现就不同。例如申报环节主要是可行性研究是否充分、项目执行时是否公开招投标、项目完工后是否按照规定程序进行验收等。为了确保基本建设项目的顺利执行，提高资金使用效益，制定基本建设项目各个环节业务流程。

（一）基本建设项目申报业务内部控制

1.业务流程简介

本流程主要规范热科院本级基本建设项目申报业务过程，确保基本建设项目立项符合单位重点发展规划，切实改善科研基础条件。

2.岗位职责设置

基建项目申报管理业务在院计划基建处设置经办岗和审核岗。经办岗负责组织年度项目申报，组织专家评审、办理上报请示；审核岗负责对经办岗的办理结果进行审核后报分管院领导、院党组书记、院长审批，上报上级主管部门。

3.业务流程图

业务流程图见图4—14。

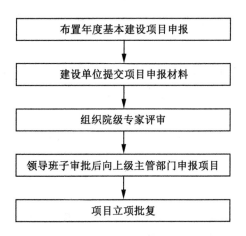

图4—14　建设项目管理业务流程图

4.业务环节描述

环节1:计划基建处根据院年度重点工作任务和建设规划，布置年度基建项目申报工作。

环节 2:建设单位委托编制项目可行性研究报告,办理用地、规划审批,向计划基建处提交项目申报材料。

环节 3:计划基建处处务会研究初步意见,组织院级专家评审,建设单位根据专家评审意见组织修订可行性研究报告。

环节 4:经办岗办理上报请示,分管院领导、院党组书记、院长审批后,向上级主管部门申报项目。

环节 5:上级主管部门批复立项后,转发项目批复文件。

5. 基本建设项目申报业务风险点

基本建设项目申报业务风险点见表 4—15。

表 4—15 基本建设项目申报业务风险点

风险类别	风险点	风险等级	责任主体
工作任务风险	项目申报可行性研究工作不扎实	一般	计划基建处
工作任务风险	项目的行政许可前置条件不齐全	一般	计划基建处

6. 基本建设项目申报业务主要控制措施

(1)严格按照院所重点科研目标、重点学科、重点工作方向申报基本建设项目。

(2)严格履行项目用地、规划选址手续,手续齐全的才允许申报。

(二)基本建设项目设计业务内部控制

1. 业务流程简介

本流程用于规范基本建设项目设计业务,保证设计符合单位实际、符合科研需求,提高可行性和科学性,保证项目顺利执行。

2. 岗位职责设置

项目设计业务在院计划基建处设置经办岗和审核岗。经办岗负责收集相关设计资料、跟踪设计进度、对工程设计进行初审;审核岗负责对经办岗的办理结果进行审核定稿。

3. 业务流程图

业务流程图见图 4—15。

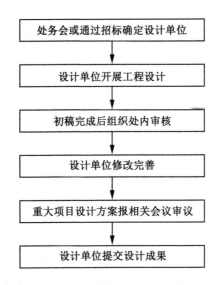

图 4－15　基本建设项目设计业务流程图

4.业务环节描述

环节 1：根据项目批复设计招标形式确定设计单位。

环节 2：经办岗收集相关设计资料，设计单位开展工程设计，经办岗人员及时跟踪设计进度。

环节 3：计划基建处对设计初稿进行审核，并汇总所有意见反馈回设计单位。

环节 4：设计单位根据意见修改完善后再次报院计划基建处审核，重大项目设计方案报相关会议审议。

环节 5：设计单位提交设计成果。

5.基本建设项目设计业务风险点

基本建设项目设计业务风险点见表 4－16。

表 4－16　　　　　　　　基本建设项目设计业务风险点

风险类别	风险点	风险等级	责任主体
工作任务风险	设计图不完整、各专业不配套、设计图未达到甲方的功能要求	一般	计划基建处

6.基本建设项目设计业务主要控制措施

(1)严格进行初步设计、施工图审查,确保建筑、结构、水、暖、电五个专业

齐全;

（2）使用部门全程参与设计,设计过程中及时沟通,确保功能实现;

（3）要求设计单位限额设计,并在设计合同中明确超概算的处罚措施。

（三）基本建设项目工程招标业务内部控制

1. 业务流程简介

本流程主要用于规范基本建设项目工程招标业务过程和招标文件的制作质量,确保招标文件中的技术参数符合项目执行要求,保证招标文件的完整和规范,保障招标符合政府采购程序。本流程适用于全院基本建设项目公开招标业务和院本级基本建设项目政府采购业务。

2. 岗位职责设置

工程招标业务在院计划基建处设置经办岗和审核岗。经办岗负责根据上级主管部门项目批复文件审核招标文件的完整性、合规性;审核岗负责对经办岗的办理结果进行审核后报院办公室审核,审核批准后按照招标流程进行招标。

3. 业务流程图

业务流程图见图4—16。

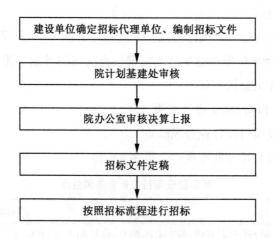

图4—16 基本建设项目工程招标业务流程图

4. 业务环节描述

环节1:建设单位根据项目类别研究确定招标代理单位、编制招标文件,并将内部审核通过的招标文件及相关材料报送至计划基建处,要求签字盖章手续齐全。

环节2:计划基建处经办岗、审核岗审核招标文件并报院办公室审核。

环节3:院办公室审核招标文件。

环节4:建设单位根据审核意见修改定稿招标义件并发布招标公告。

环节5:招标代理单位按照审定后的招标文件和招标流程进行招标。

5.执行项目工程招标业务风险点

执行项目工程招标业务风险点见表4—17。

表 4—17　　　　　　　　　执行项目工程招标业务风险点

风险类别	风险点(具体描述)	风险等级	责任主体
纪律制度风险	未按照规定要求进行招标或直接招标	重大	计划基建处
纪律制度风险	招标文件中投标人资格设定不合理、评标办法不合理	重大	计划基建处
工作任务风险	招标控制价超过初步设计与概算批复	据实核定	计划基建处

6.执行项目工程招标业务主要控制措施

(1)严格按照国家法律法规,按照项目批复要求,在批复投资范围内组织招标活动。

(2)按工程类别和规模确定投标人资格,不随意降低门槛,也不随意提高资质,不排除潜在投标人,公平公正公开。

(3)严格按初步设计批复概算控制造价,不得超过概算。

(四)基本建设项目工程洽商业务内部控制

1.业务流程简介

本流程主要用于规范基本建设项目工程洽商业务,确保洽商按照单位规定的审批权限进行,避免出现规避审批,促进有效洽商。

2.岗位职责设置

工程洽商业务在院计划基建处设置经办岗和审核岗。经办岗设在院本级执行项目现场管理小组(项目执行组),负责对工程建设中设计变更、工程签证、技术核定单等洽商事项的合规性、必要性进行初审;审核岗设在项目执行工作组和处务会,负责根据项目批复对洽商事项进行复审核,并按相应额度的审批权限要求报纪检监察审计室、院长办公会或院基建领导小组会议审批。

3.业务流程图

业务流程图见图4—17。

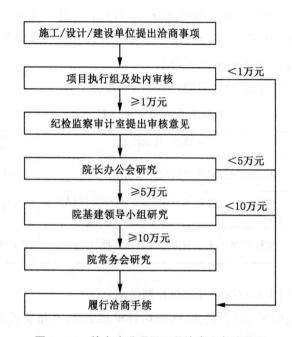

图4—17 基本建设项目工程洽商业务流程图

4.业务环节描述

环节1:施工单位或设计单位或建设单位根据现场实际情况提出洽商事项。

环节2:项目现场管理小组对洽商事项提出初步意见,并报送项目执行小组,项目执行组根据项目批复投资和内容以及现场管理小组意见,进一步提出处理意见,提交处务会研究并提出拟办意见。

环节3:1万元以下事项由处务会研究后直接履行洽商手续;1万元及以上事项需报送给纪检监察审计室提出审核意见,1万～5万元事项上报院长办公会研究决定后履行洽商手续;5万～10万元(含5万元)以上事项再上报院基建领导小组研究决定并履行洽商手续;10万元及以上事项再上报院常务会研究决定并履行洽商手续。

5.工程洽商业务风险点

工程洽商业务风险点见表4-18。

表4-18　　　　　　　　　　工程洽商业务风险点

风险类别	风险点	风险等级	责任主体
工作任务风险	洽商工程量验收不准确	一般	计划基建处
纪律制度风险	随意进行无关变更或签证、变更洽商手续不完整	重大	计划基建处

6.工程洽商业务主要控制措施

(1)严格按施工图施工,在功能上确有缺陷的部位,严格履行报批手续。

(2)施工、监理、业主现场代表三方验收,尤其是隐蔽工程,要做好影像资料记录。

(3)根据项目实际需要提出变更,签证事项由施工、监理、业主三方确认。

(五)基本建设项目工程预结算业务内部控制

1.业务流程简介

本流程主要用于规范院本级基本建设项目工程预结算业务,保证工程预算符合单位科研实际需求,工程结算达到项目立项绩效。本流程主要介绍了工程预算业务流程和工程结算流程,适用于基本建设项目立项和办理工程结算过程管理。

2.岗位职责设置

工程预结算业务在院计划基建处设置经办岗和审核岗。经办岗负责对项目工程预结算文件进行初审提出意见,并将意见反馈给造价单位进行修改完善;审核岗负责对修改完善后的工程预结算文件进行审定。

3.业务流程图

(1)工程预算业务流程图

工程预算业务流程图见图4-18。

(2)工程结算业务流程图

工程结算业务流程图见图4-19。

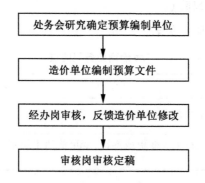

图 4—18　基本建设项目工程预算业务流程图

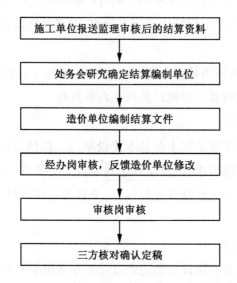

图 4—19　基本建设项目工程结算业务流程图

4.业务环节描述

(1)工程预算业务环节描述

环节 1:处务会根据项目特点研究确定预算编制单位。

环节 2:造价单位编制预算文件,并报院计划基建处审核。

环节 3:经办岗审核预算文件并提出问题,汇总所有问题后反馈给造价单位修改。

环节 4:审核岗审核修改完善的预算文件后定稿。

（2）工程结算业务环节描述

环节1：项目竣工验收后，施工单位编制真实完整的结算资料，报送监理单位审核；监理单位提出意见并要求施工单位修改，直至符合相关规范及监理要求。施工单位将审核后结算资料报送建设单位。

环节2：处务会根据项目特点研究确定结算编制单位。

环节3：造价单位编制结算文件，并报送院计划基建处审核。

环节4：经办岗审核预算文件并提出问题，汇总所有问题后反馈给造价单位修改。

环节5：审核岗审核修改完善的结算文件。

环节6：造价单位打印结算文件（征求意见稿）报建设单位、施工单位审核，建设单位组织三方现场核对后定稿。

5.基本建设项目工程预结算业务风险点

基本建设项目工程预结算业务风险点见表4—19。

表4—19　　　　　　　　基本建设项目工程预结算业务风险点

风险类别	风险点	风险等级	责任主体
工作任务风险	预算工程量预计不准确，预算工程量未逐一审核	一般	计划基建处
工作任务风险	子目特征描述与施工图不符、漏项、套用定额有误	一般	计划基建处
工作任务风险	结算时相同事项工程变更和签证重复计算，未扣除减少部分工程量，未完全按照施工合同和施工补充协议约定进行	一般	计划基建处

6.基本建设项目工程预结算业务主要控制措施

（1）组织专业人员事先熟悉施工图纸，造价单位完成预算编制后，分别对工程量清单子目完整性、套用定额准确性、工程量（包括图形算量、钢筋算量、其他工程量计算草稿）——进行审核。

（2）组织建设单位和监理单位对施工单位报送的结算资料（包括工程增加部分、减少部分，工程变更、工程签证手续）进行严格审核，确保提供给造价单位结算资料的完整性和准确性。

（3）要求造价单位工程结算审核时，必须完全按照施工合同、施工补充协议和结算资料进行,不得漏项、增项、错项,并组织建设单位、施工单位、造价单位三方对结算审核书进行核对确认。

(六)基本建设项目验收业务内部控制

1.业务流程简介

本流程主要用于规范基本建设项目验收业务,防止验收作弊让质量不达标或者不符合验收合格要求的项目完成验收,促进基本建设项目保质保量地完成。

2.岗位职责设置

基建项目验收业务在计划基建处设置经办岗和审核岗。经办岗负责项目验收初审、组建专家组、向农业农村部申请终验;审核岗负责对经办岗的办理结果进行审核。项目验收专家组负责提出项目初验和终验意见。

3.业务流程图

业务流程图见图 4—20。

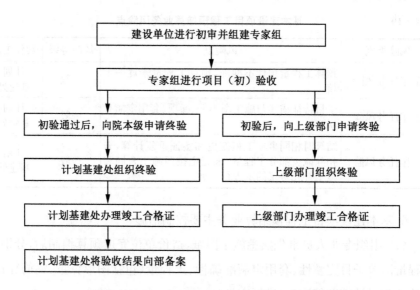

图 4—20 基本建设项目验收业务流程图

4.业务环节描述

环节 1:建设单位向院提交项目竣工验收申请报告,并附初步验收结论意见、工程竣工决算、审计报告。

环节2:建设单位对项目竣工验收申请资料进行初审,对达到验收条件的项目组织专家组进行项目(初)验收。

环节3:专家组根据项目验收程序对项目进行现场验收,提交初验结论意见。

环节4:中央投资院本级1000万元以下及院属单位3000万元以下的项目初验合格后,向院本级申请终验,院计划基建处组织终验,终验合格后计划基建处负责办理竣工合格证,并将验收结果向农业农村部备案。

环节5:中央投资院本级1000万元以上及院属单位3000万元以上的项目初验合格后,计划基建处向农业农村部申请终验,农业农村部组织专家组进行终验,终验合格后,农业农村部办理竣工合格证。

5.基建项目验收业务风险点

基建项目验收业务风险点见表4—20。

表4—20 基建项目验收业务风险点

风险类别	风险点	风险等级	责任主体
纪律制度风险	未按照验收要求组织专家组进行验收	一般	计划基建处
纪律制度风险	对初验发现问题未整改完毕就通过项目终验,并颁发竣工合格证书	一般	计划基建处

6.基建项目验收业务主要控制措施

(1)严格按照基本建设项目竣工验收管理要求组织验收,履行必要的验收手续,组织基建专业和财务专业相关专家组成专家组进行验收。

(2)项目终验时,应严格审核初验发现需整改的问题是否整改完毕。通过验收后才可发放竣工验收合格证。

(七)基本建设项目绩效评价业务内部控制

1.业务流程简介

本流程主要用于规范基本建设项目绩效评价,热科院本级严格按照要求,实事求是做好项目自评。院基建项目绩效评价审核组严格审核自评情况,并编制评价结论上报农业农村部。

2.岗位职责设置

建设项目绩效评价业务设置经办岗和审核岗。经办岗设在各项目建设单位,负责对承担的项目进行自我评价;审核岗设在院建设项目绩效评价审核工作小组,负责对项目建设单位自评结果审核、实地复核并编制院自评报告。

3.业务流程图

业务流程图见图4－21。

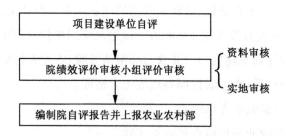

图4－21　基本建设项目绩效评价业务流程图

4.业务环节描述

环节1:项目建设单位对照相关评价考核内容、评分标准,对承担的项目进行自我评价并形成自评得分表。

环节2:院绩效评价审核小组对项目建设单位的自评得分表和证明材料进行审核,包括资料审核和实地评价。

环节3:院绩效评价审核小组对项目建设单位的得分进行修正,形成评价结论并编制自评报告上报农业农村部。

5.基本建设项目绩效评价业务风险点

基本建设项目绩效评价业务风险点见表4－21。

表4－21　　　　　基本建设项目绩效评价业务风险点

风险类别	风险点	风险等级	责任主体
工作任务风险	项目建设单位自评不规范	一般	项目建设单位
工作任务风险	院绩效评价审核小组未严格按标准对项目建设单位自评进行审核	一般	院绩效评价审核小组

6.基本建设项目绩效评价业务主要控制措施

(1)要求各建设单位成立自评小组,制定自评实施方案,并明确责任人。

严格按照规定如实进行自评。

(2)院绩效评价审核小组对审核任务进行分解分工,明确责任人、制定审核进度表。保证审核结果符合项目实际执行情况。

实践思考

农业科研院所的基本建设项目,大部分是财政拨款项目。项目从立项到竣工包括以下程序:立项审批、规划设计、建设工程报建、建设和竣工验收。导致基本建设项目执行不畅、风险加大的原因主要有:一是很多项目由于前期办理规划报建等各种手续时间较长,导致后期项目预算执行压力较大,建设单位有时为了预算执行进度提前预付进度款,加大资金风险;二是由于市场不够规范,很多基本建设项目被挂靠公司的工程队投标中标后,没有足够的资金周转和人力来及时完成建设内容,导致项目执行缓慢,加大资金风险;三是项目施工过程中各类资料未及时归集整理,因各种原因出现工程量变更等问题,最后在工程结算的时候双方未能达成一致,导致工程迟迟未能结算,拖延项目进度;四是基建部门、资产部门和财务部门未做好衔接工作,项目完工后未及时办理资产交付手续,导致项目长期交付未转固,无法正常计提折旧,严重者部分资产已报废或毁损但仍未登记入账,无法办理资产报废手续。所以,为了确保基本建设项目的顺利执行,农业科研院所(建设方)应提高风险意识,理顺项目执行前期各种工作,尽量压缩办理手续时长;督促监理公司做好现场监督工作;要求施工方及时收集整理完善现场施工日志等材料,方便后期工程结算工作的开展;相关部门应切实参与到项目执行中,掌握项目执行进度,确保项目完工后资产交付等工作顺利进行。

六、合同管理

合同管理是为了规范热科院本级各部门的合同行为,预防和减少因合同签订、履行不当造成的合同纠纷,防范合同风险,有效维护单位的合法权益,制定合同管理业务流程。

1. **业务流程简介**

本流程主要有合同订立、合同履行、纠纷处理、合同登记归档等环节。

2.岗位设置

单位根据实际情况设置经办岗、归口部门审核岗、财务处审核岗、复审岗、审批岗、签订岗 6 个岗位。

(1)经办岗:设置在需要签订合同的部门,负责合同的起草、履行和终结等相关事项的执行。

(2)归口部门审核岗:设置在业务相关归口部门,负责根据各自的职责和专业角度对合同进行审核和监督。

(3)财务审核岗:设置在财务处,负责对合同的收付款条款审核,审查是否有预算安排。

(4)复审岗:设置在院办公室,审核合同的相关要素是否齐全、是否符合法律规定等。

(5)审批岗:由院领导对合同内容进行审批。

(6)签订岗:设置在院办公室,负责签订合同,加盖印章并归档留存。

3.业务流程图

业务流程图见图 4—22。

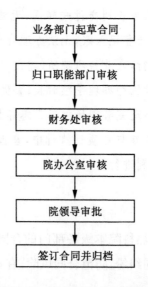

图 4—22　合同管理业务流程图

4.业务环节描述

环节 1:业务部门起草合同,应充分履行合同主体责任,对合同内容、权利义务、金额、违约责任等重要条款一一明确,院机关部门起草的合同应经过部门负责人审核签字;院属单位报送的合同应经过单位分管领导或主要负责人审核签字。未经签字审核的,予以退回。

合同起草前涉及招标、竞价、询价的,应当有明确的工作方案,列明招标范围、评标办法等,避免签订合同前产生争议。

环节 2:职能部门审核,职能部门不明确,由院办公室指定,此程序非必经程序。职能部门对应业务如下:建设工程合同——计划基建处;资产采购合同——财务处;科研项目合同——科技处;国际合作合同——国际合作处。职能部门应该对合同前期工作进行审核把关,如是否按照要求招标、询价,并对合同内容是否可行提出审核意见。不涉及上述职能的,跳过此环节。

环节 3:院财务处审核,审查是否有预算安排,资金是否到位。不涉及资金支出的,跳过此环节。

环节 4:合同条款审核,由院办公室对合同条款合法性逐条审核;出具审核意见;把握不准的,提交法律顾问出具审核意见。

环节 5:院领导审核签署。

环节 6:合同签字盖章后才能生效,审核完成的合同上应由分管院领导或审核人的签名、合同专用章。

5.合同管理业务的主要风险点

合同管理业务的主要风险点见表 4—22。

表 4—22　　　　　　　　合同管理业务的主要风险点

风险类别	风险点	风险等级	责任主体
工作任务风险	合同起草部门未能很好地履行主体责任,对合同的内容、金额、权利义务、违约责任等重要条款未审核就进入下一步流程	一般	合同起草部门
纪律制度风险	合同内容违反法律法规、上级部门政策文件等	一般	合同起草部门、院办公室

风险类别	风险点	风险等级	责任主体
纪律制度风险	合同对方签署人无权签署合同	重大	合同起草部门
纪律制度风险	对方未完成合同义务或者虚假履行合同,套取我方资金	重大	合同起草部门
纪律制度风险	补充合同、变更合同未重新按照规定进行审批	一般	合同起草部门
工作任务风险	合同签署、履行流程档案管理不到位,正式文本管理不到位	一般	合同起草部门
工作任务风险	处理合同纠纷随意妥协、损害本单位利益	据实核定	院办公室

6.风险应对策略

(1)压实责任,业务部门起草合同,充分履行合同主体责任;合同起草前涉及招标、竞价、询价的,应当有明确的工作方案,列明招标范围、评标办法等,避免签订合同前产生争议。

(2)合同审核人员要熟悉国家的相关法律法规,包括但不限于《合同法》及相关解释、《建筑法》及相关解释、《招标采购法》及相关解释等。

(3)建立良好的内部法律风险防控运行机制,完善对外经济合同审核质量控制流程,落实落细合同草拟部门初审、财务处预算审查、办公室合法合规审核三级审核制度,把法律风险水平降到最低。

(4)加强合同审核的规范性、合法性和合规性,修改建议措辞要准确、严密、中肯,为最后单位领导的审批提供科学合法依据。

(5)建立对外经济合同审核登记制度,对每一份审核过的对外经济合同的编号、合同金额、合同相对方等详细情况做明确记录,完善合同的闭环管理。

(6)加强合同履行过程监督跟踪,压实各业务管理部门执行落实合同内容的主体责任。

实践思考

近几年,随着事业单位改革的不断深入,热科院的服务对象和经营范围逐步向市场化转变,这就意味着单位需要签订更多的合同来抵御更多的合同风险。但在实际工作中,针对合同管理方面还存在一些问题。如合同管理意识及能力不足,若经手人合同管理意识淡薄、缺乏法律意识和风险意识,可能无法识别出合同法律关系中的漏洞,为合同的执行埋下隐患。在这种情况下,就需要在合同业务发生过程中进行管控。一是提高法律意识,开展专业知识培训,让每一位职工都能结合自身工作岗位识别风险,共同制定风险防控措施;二是健全合同管理制度,规范合同审批流程,提高制度的可操作性;三是合同管理部门应加强合同履行过程的监督力度,及时跟踪合同的执行情况,及时处理合同履行过程中的问题,避免发生合同纠纷。

七、科研项目管理

作为农业科研院所,热科院本级的科研项目主要是社会公益类、重点研发计划、科技条件专项、科技转化与推广服务、农产品质量安全、对外交流与合作、农村综合改革示范试点补助以及其他农业农村支出等项目。在实际工作中,由于各类项目的自主性和管理要求不同,在科研项目的管理业务流程中,各项目存在的风险有所不同。如基本科研业务费关键控制点在申报和预算执行环节,申报环节怎样结合单位科研发展重点支持、预算执行环节怎样依法依规做好项目执行工作。为了保证科研项目顺利执行,规范项目支出,完成绩效目标,制定科研项目管理业务流程。

1.业务流程简介

本流程主要规范热科院本级科研项目管理业务过程,规范科研项目有序执行,保证单位科研事业发展。本流程主要对科研项目的立项、执行、验收过程管理进行描述,适用于科研项目的全过程管理。

2.岗位设置

主要设置院本级科研项目类业务设置经办岗、项目内容审核岗、项目经费审核岗、决策岗、监督岗等岗位。负责组织院本级基本科研业务费的指南制定、项目申报、结题验收、绩效评价等业务;负责组织经院本级上报的各类科技项目的申报工作、科研管理制度的制(修)订工作。

3.业务流程图

业务流程图见图4—23。

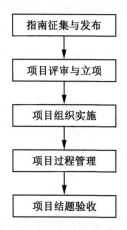

图 4—23　科研项目管理业务流程图

4.业务环节描述

(1)院本级基本科研业务费

环节 1:指南征集与发布。院科技处经办岗根据发展规划和院年度重点科技工作安排,负责院本级基本科研业务费指南的征集、制定等工作,经审核岗审议、报决策岗通过后公开发布,面向全院征集项目。

环节 2:项目评审与立项。院科技处经办岗收集项目申报材料并进行形式审查,并组织相关责任部门联合院学术委员会进行评审。经费审核岗负责项目经费预算审核。项目审核岗审议评审结果并提出立项建议,报决策岗通过后公示。

环节 3:项目组织实施。院科技处经办岗收集立项项目任务书,并组织相关责任部门进行审核。经费审核岗负责项目经费预算审核,审核无异议后组织实施。

环节 4:项目过程管理。项目监督岗通过各种形式,定期或不定期对立项项目进行监督检查。其中院科技处负责业务执行情况监督检查,院财务处负责经费执行和预算监督,院纪检监察审计室负责经费使用安全检查监督。对执行不力的项目提出整改措施,并报项目审核岗;对出现重大违规违纪的项目追回项目资金,并报决策岗依法依规处理。

环节 5:项目结题验收。项目执行到期后,院科技处经办岗组织由院学术委员会参与的项目结题验收工作。经费审核岗负责项目经费决算审核并出具经费决算表。验收结果报项目审核岗批准后公示。不能按期验收的项目须提出延期申请并经项目审核岗批准,延期最多不超过1年。

(2)其他项目

原则上院本级不承担其他各级各类项目。如确实需要,遵循以下环节:

环节1:项目申报。项目经办岗根据各级管理部门发布的申报通知,报项目审核岗决定是否由院本级承担,并确定项目负责人,按要求申报项目。

环节2:项目实施。主管部门审核立项后,项目负责人具体负责项目实施。项目监督岗通过各种形式,定期或不定期对项目进行监督检查。

环节3:项目验收。按照相关主管部门要求进行。

5.科研项目业务的风险点

科研项目业务的风险点见表4—23。

表4—23　　　　　　　　　　　科研项目业务的风险点

风险类别	风险点	风险等级	责任主体
工作任务风险	项目指南发布和项目立项未充分结合单位科研发展方向,缺乏长期稳定支持	一般	科技处、基本科研业务费管理咨询委员会或院学术委员会
工作任务风险	缺乏完善的制度体系,未能及时根据国家最新政策制定实施细则,对非正常的业务未能制定明确的处理政策,不利于项目顺利执行	一般	科技处、相关部门
工作任务风险	项目执行过程中项目负责人变动频繁、预算调整未履行审批手续	据实核定	项目负责人、科技处
纪律制度风险	项目超预算执行	重大	项目负责人
纪律制度风险	项目列支与项目无关的支出	据实核定	项目负责人
工作任务风险	项目负责人未及时跟踪项目执行情况,未能及时察觉项目执行存在的问题	一般	项目负责人、科技处
工作任务风险	财务未及时统计项目执行情况并反馈项目负责人	一般	财务处

风险类别	风险点	风险等级	责任主体
工作任务风险	项目存在的问题整改不到位	据实核定	项目负责人、科技处

6. 科研项目业务主要控制措施

(1)加强顶层设计。围绕院"十四五"科技规划和院重点科技工作做好项目顶层设计,做好基本科研业务费项目库建设,提前谋划项目。充分发挥院学术委员会的咨询和决策作用,使得项目聚焦院重点科技工作。

(2)完善制度建设。根据最新国家相关科研项目管理、经费管理相关规定,制定、修订院相关管理制度,从项目申报立项、过程管理、结题验收、绩效评价到结果应用做到全程有章可依、有规可循,切实加强科研项目、科研经费和科研行为管理。同时要求各院属单位进一步修订相应的实施办法或细则,加强制度执行。

(3)明确责任到人。科研项目实行单位法人责任制和项目主持人负责制,明确各单位"一把手"的领导责任,强化项目主持人及项目组成员的管理意识。同时将科研项目的执行情况、产出情况和完成情况与承担单位绩效考核、个人绩效奖励挂钩。

(4)强化监督检查。监督岗加强对项目的监督检查。院科技处、财务处和纪检监察审计室分工协作,各负其责,采取现场检查、听取报告、查看材料等各种形式,定期或不定期对项目进行检查,及时掌握项目进展情况、经费使用情况和资金使用安全情况,及时发现项目执行过程中存在的一些共性问题或者苗头性、倾向性问题,并限期整改,保障项目的顺利实施。研究内容调整、经费预算调整等须经相关部门批准。

实践思考

自 2014 年《国务院关于改进加强中央财政科研项目和资金管理的若干意见》(国发〔2014〕11 号),科研项目管理迎来了一波前所未有的改革——"放管服",让科研人员回归科研工作,实行财务助理制度、下放预算调整权限等。面对一系列的科研"大动作",怎样做好改革工作,让"放管服"安全落地,让管理更规范更高效,是农业科研院所面临的一个重大难题。科研管理工作中既要解放思想、实事求是、勇于创新,还要抓管理抓绩效,多管齐下,才能做好科研管理工作。在实际工作中,农业科研院所的主责主业就是保障科研事业的发展壮大,这就要求:一是做好科研顶层设计工作,这是单位科研工作长期发展的大方向。只有方向对了,努力才是有效的。二是完善健全的制度体系,这是科研工作长期稳定有序执行的保障。各农业科研院所要及时根据最新政策制定操作细则,保证项目及时顺利执行,确保项目执行效果。三是坚持绩效结果导向。运用绩效评价结果不断优化项目设计,指导项目执行,提高项目执行效果。

八、其他业务管理

(一)"三公"经费类业务

"三公"经费是指因公出国(境)经费、公务车购置及运行费、公务招待费。作为农业科研院所,中国热科院本级"三公"经费自执行"八项"规定以及厉行节约、反对浪费以来,"三公"经费支出已逐年下降。作为社会关注度较高的支出类型,"三公"经费在实际操作中存在较多的风险点,比如公车私用、超标接待、超预算或超天数执行出国任务等。为了确保"三公"经费合理支出,规范日常管理,制定本流程。

1.因公出国(境)业务内部控制

(1)业务流程简介

本流程主要用于规范热科院本级因公出国(境)业务,保证因公出国(境)业务有计划有预算执行,确保因公出国(境)任务顺利执行。本流程主要介绍了因公出国(境)业务材料准备、审核、审批、上报、批复、执行等环节,适用于本业务全过程管理。

(2)流程管理设置

因公出国(境)业务管理流程按经办、审核、审批3个环节进行管控。院本级人员因公出国(境)业务由国际合作处负责经办(港澳台业务由科技处负责),准备相关材料及办理相关手续,财务处负责对因公出国(境)经费预算进行审核,国际合作处、办公室负责对因公出国(境)其他材料进行审核。审核无误的因公出国(境)请示和政审材料由院领导签发,上报农业农村部和海南省外事办公室。

(3)业务流程图

业务流程图见图4—24。

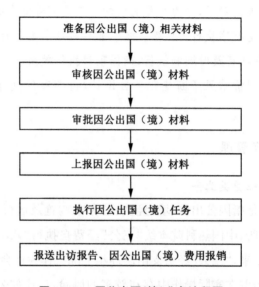

准备因公出国（境）相关材料

审核因公出国（境）材料

审批因公出国（境）材料

上报因公出国（境）材料

执行因公出国（境）任务

报送出访报告、因公出国（境）费用报销

图4—24 因公出国(境)业务流程图

(4)业务环节描述

环节1:经办人根据因公出国(境)管理办法准备相关材料并报审核人审核。

环节2:审核人审核经办人上报的因公出国(境)材料是否符合因公出国(境)管理规定。

环节3:经办人将审核无误的因公出国(境)材料报院办公室,由审批人决定是否签批因公出国(境)材料。

环节4:经办人将签发的因公出国(境)材料上报农业农村部和海南省外事办公室。

环节5:出国团组根据批复的因公出国(境)计划执行相关任务。

环节6:出国团组执行任务结束后,按时提交出访报告,整理相关票据,按程序进行报销。

(5)因公出国(境)业务风险点

因公出国(境)业务风险点见表4-24。

表 4-24　　　　　　　　因公出国(境)业务风险点

风险类别	风险点	风险等级	责任主体
纪律制度风险	出国(境)人员擅自延长在外停留时间、未经批准变更出访路线等	重大	出国(境)人员、国际合作处
安全保密风险	未按规定与外宾交流,过失泄密	据实核定	出国(境)人员、国际合作处
纪律制度风险	未经审批赠送外事礼品	据实核定	出国(境)人员、国际合作处

(6)因公出国(境)业务主要控制措施

①相关人员要认真学习因公出国(境)相关规章制度,严格按相关制度办事。

②相关部门要加强行前教育培训。

2.公务用车业务内部控制

(1)业务流程简介

本流程主要用于规范热科院本级公务用车日常管理业务,保证公务用车使用符合规定,切实做好厉行节约,确保公务用车运行费的合理支出。本流程主要对公务用车安排业务和司机出车业务进行描述,使用公务用车的全过程管理。

(2)岗位设置

公务用车业务在机关服务中心,设置经办岗1个、审核岗2个。经办岗为司机;审核岗一为车辆调度员,负责对车辆和司机的直接管理,受中心主任领导;审核岗二为机关服务中心主任,负责制定相关的制度规定,承担中心事务的领导责任,受院办公室业务指导。

(3)业务流程图

业务流程图见图4-25。

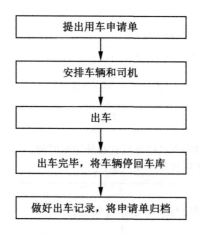

图4—25 公务用车业务流程图

（4）业务环节描述

环节1：用车部门填写用车申请单送小车班。申请单必须经部门主要领导签批。

环节2：车辆调度员根据出车任务和人员数量安排相应的车辆，避免不能适应工作要求或造成浪费。

环节3：司机接受车辆调度员任务根据申请单要求出车。司机严格按申请单时间地点和目的地出车。

环节4：司机出车完毕将车辆停放固定车库并向班长报告，班长不定期检查。此环节可有效避免司机私用车辆。

环节5：司机做好出车记录，包括出车时间、目的地和当程的公里数，司机及时将每次出车的申请单交班长归档备查。

（5）公务用车业务主要风险点

公务用车业务主要风险点见表4—25。

表4—25   公务用车业务主要风险点

风险类别	风险点	风险等级	责任主体
纪律制度风险	部门违规或越权使用车辆	重大	有关部门、机关服务中心

风险类别	风险点	风险等级	责任主体
纪律制度风险	领取公务交通补贴的同时仍然使用公车	重大	副局级院领导
纪律制度风险	报销公务交通费用的同时仍然使用公车	重大	各部门
纪律制度风险	公车私用	重大	机关服务中心

(6)公务用车业务主要控制措施

①各部门主要领导对本部门用车,要把好第一关。每次用车都要考量任务需要和符合规定才能签名派车。

②车辆调度员要根据任务和人员数量安排相应车辆,对不同部门同时到达一个目的地的,拼车出行。

③班长和司机对各级领导不合规的用车要求,要敢于拒绝。

④加强对司机规范行驶、安全出行的教育,避免公车私用情况发生,一旦发现,停发当月绩效工资,并给予司机警告处分。

3.国内公务接待业务内部控制

(1)业务流程简介

本流程主要用于规范国内接待业务,确保有函接待、接待不超标。本流程主要对来函接待、接待归口部门职责和接待标准等进行描述,适用国内接待全过程管理。

(2)国内接待费业务岗位职责设置

结合《中国热带农业科学院国内公务接待管理办法》等有关制度规定,院本级接待业务设置经办岗和审核岗。经办岗设置在院本级各部门,具体办理对口业务部门接待任务审批和落实以及接待费的报账核算等。审核岗设置在院办公室,负责对院本级接待费归口管理、统筹协调安排,对经办岗的办理结果进行审核监督,对接待工作进行业务指导;院属单位接待业务参照院本级内控流程执行,院办公室对其接待业务进行指导。

(3)业务流程图

业务流程图见图4—26。

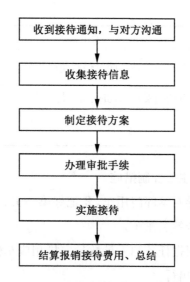

图4－26　国内公务接待业务流程图

（4）业务环节描述

环节1：采集接待信息。收到接待相关通知后，按照任务类别由相关部门负责收集接待信息。

环节2：根据接待信息，拟定接待方案，包括日程安排、陪同领导、车辆安排、住宿安排、用餐情况、工作汇报/座谈交流/考察安排、宣传报道安排等，报院领导审批。

环节3：按照审批后的接待方案执行。

环节4：接待任务结束后，及时结算接待费用，整理单据，履行报销手续后送财务处报销，并及时总结接待工作。

（5）国内公务接待业务风险点

国内公务接待业务风险点见表4－26。

表4－26　　　　　　　　国内公务接待业务风险点

风险类别	风险点	风险等级	责任主体
纪律制度风险	无接待函进行接待，或者接待函无公章（白条）	重大	院办公室
纪律制度风险	接待标准超标，参与接待的人数超过规定人数。接待使用禁止的菜肴和酒水等	重大	院办公室

（6）国内公务接待业务主要控制措施

①接待计划要提前审批后具体落实执行；接待方案要细化，落实具体负责人。

②严格执行有关接待管理规定，发生接待事故要严肃问责。

4.外宾接待业务内部控制

（1）业务流程简介

本流程主要规范外宾接待业务，保证外宾接待程序完善、合规。本流程主要对外宾来华申请、审核、接待等过程进行描述，适用外宾接待全过程管理。

（2）外宾接待业务流程管理设置

外宾接待业务管理流程按经办、审核、审批 3 个环节进行管控。院本级外宾接待由国际合作处负责经办，办理外宾来华手续及安排接待工作，国际合作处、院办公室负责对外宾来华申请材料进行审核。审核无误的外宾来华申请材料由院领导签发，上报农业农村部。

（3）业务流程图

业务流程图见图 4—27。

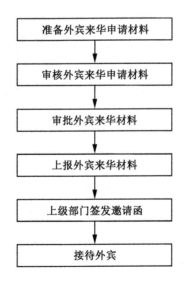

图 4—27 外宾业务接待业务流程图

（4）业务环节描述

环节1：经办人根据外宾接待管理办法准备外宾来华申请材料并报审核人审核。

环节2：审核人审核经办人上报的外宾来华申请材料。

环节3：审批人决定是否签发外宾来华申请材料。

环节4：将签发的外宾来华申请材料上报农业农村部。

环节5：取得农业农村部签发的邀请函。

环节6：做好外宾日程安排和相关接待工作。

（5）外宾接待业务风险点

外宾接待业务风险点见表4—27。

表4—27　　　　　　　　　　外宾接待业务风险点

风险类别	风险点	风险等级	责任主体
工作任务风险	未按规定时间办理外宾来华手续，影响外宾按时来华	一般	国际合作处
纪律制度风险	未按规定标准接待外宾，导致接待经费超标	重大	国际合作处
安全保密风险	未按规定与外宾交流，过失泄密	据实核定	国际合作处

（6）外宾接待业务主要控制措施

国际合作处及相关人员要认真学习外宾接待管理规章制度，严格按相关制度办事。

实践思考

农业科研院所作为科研前沿阵地，"三公"经费支出尤其受到社会的关注。在实际工作中，农业科研院所如何管理好公务用车、杜绝公车私用、防止加油卡给私家车加油、避免超标接待、控制因私出国与超期执行出国（境）任务等。要降低此类风险，就需要建立系统有效的"三公"业务内控规程，从关键环节实施有效监督和管控，有效降低风险。一是要树立厉行节约、反对浪费的意识，工作中严格执行"三公"业务相关审批手续，严格遵守各项规定，避免超标准执行。二是严格"三公"经费预算执行，严格财务报销手续。要求财务人员报销时,应熟知"三公"经费各项要求,严格按照要求进行审核,对不合规的经费支出一律不予报销。三是强化审计和纪委的监督职能。通过定期或不定期专项审计,跟踪"三公"经费支出情况,及时发现问题,反馈问题,落实整改,关口前移,强化监督职能。

（二）会议费管理业务内部控制

近年来,国家严控"三公"经费,"三公"经费有效缩减。中国热科院本级在严控"三公"经费的同时,对会议费严加管控监督,坚决贯彻中央八项规定精神,为使财政资金得到有效利用,制定会议费管理业务流程。

1.业务流程简介

为加强中国热科院本级会议费管理,科学、合理、高效、规范的利用财政资金,制定本流程。

2.岗位设置

主要设置经办岗、审核岗、核算岗和备案岗4个岗位。

经办岗设置在院本级各部门,具体按规定编制年度会议计划及会议计划执行,严格执行会议计划和会议费预算,做好相应会议费管理工作。

审核岗设在院办公室,具体负责院本级年度会议计划编制汇总和报请审核管理,牵头制定院会议管理办法,下达院本级各部门会议计划,审核汇总会议计划执行,监督检查院属各单位会议计划报请,对会议计划业务进行指导。

核算岗设置在财务处,牵头制定院会议费管理办法,,负责院本级会议费预算管理,指导各单位进行会议费预算管理,对会议费预算执行工作进行监督检查。

备案岗设置在科技处,负责对会议内容备案、管理。科学研究类会议到科技处备案管理。

3.业务流程图

（1）会议计划及预算流程图

会议计划及预算流程图见图4—28。

（2）院本级会议执行流程图

院本级会议执行流程图见图4—29。

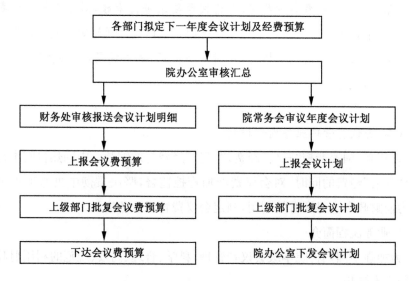

图 4—28　会议计划及预算流程图

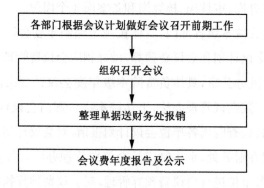

图 4—29　院本级会议执行流程图

4.业务环节描述

(1)会议费计划及预算内部控制管理

环节1:经办岗拟定下一年度会议计划及经费预算,报办公室审核。

环节2:审核岗(院办公室)审核把关会议计划,并报院常务会议审议,院常务会议审议通过后,发至核算岗并上报农业农村部办公厅,获批后向院本级各部门下达会议计划。

环节3:核算岗向农业农村部计划财务司报送会议费预算,获批后向院本级各部门下达预算。经办岗根据批复情况召开会议后,依据《中国热带农业科学院会议费管理办法》,经财务处审核岗审核,报销费用。

环节4:备案岗(科技处)对举办的会议进行备案。经办岗(院本级各部门)在会议结束后,向备案岗进行备案登记。

(2)院本级会议执行内部控制管理

环节1:经办岗按规定严格执行会议计划,按下达的会议规模、开支范围、天数、人数、场所、经费渠道、金额控制会议计划执行,对会议费报销进行审核把关,确保各类凭证来源合法,内容真实、完整、合规。

环节2:审核岗检查监督院本级会议计划执行,对会议计划业务进行指导。

环节3:核算岗对会议费报账管理,指导院本级各部门会议费预算管理,对会议费预算执行工作进行监督检查。

5.会议费业务主要风险点

会议费业务主要风险点见表4-28。

表4-28 会议费业务主要风险点

风险类别	风险点	风险等级	责任主体
纪律制度风险	未编报会议计划,擅自召开计划外会议	一般	院办公室
工作任务风险	"会议审批表"内容变更无说明	一般	院办公室
工作任务风险	存在虚报会议人数、天数等进行报销	一般	院办公室

6.会议费业务主要控制措施

(1)加强政策宣讲,使各部门熟悉会议费管理办法等各项规定。

(2)制定会议计划时充分与各部门交流意见。避免漏报或重报会议计划,确保每年会议计划编制科学、规范俭朴、务实高效,提高会议计划编制工作的科学性。

(3)在业务各环节加强审核把关。

实践思考

《中央和国家机关会议费管理办法》关于"会议费开支实行综合定额控制,各项费用之间可以调剂使用"的规定目的是让执行者依实际需要灵活调控会议支出。但该办法对如何调剂使用没有细化,容易出现过度调剂、滋生奢靡之风、财政资金浪费、未报会议计划擅自开会等现象。因此,需要在会议费业务管理过程中加强管理:一是加强会议费预算和费用审批管理,充分做好年度会议计划申报工作;二是加强对会议费管理办法宣讲,使每位职工都能熟悉掌握会议费业务相关规定和流程;三是加强审核监督,有利于肃清奢靡之风和端正科研作风,有利于严格按照中央规定执行和遵守中央八项规定,有利于形成务实、高效、精简节约的工作作风。

(三)人才招聘管理业务内部控制

贯彻国家人才战略思想,热科院作为国家热带农业科学中心打造的主要支撑单位及服务热区乡村振兴、海南自贸港建设、"一带一路"倡议的重要力量,坚持突出"高端引领、重点支持、因地制宜、打造优势、发挥作用",创新人才培养支持机制,大幅提高引才引智支持条件,实施"院士工程"和热带农业"十百千人才工程",健全完善自主招聘方式,制定人才招聘管理业务流程。

1.业务流程简介

本流程主要规范院本级人才招聘管理业务过程,提高人才招录的制度化、规范化、精准化水平。

2.岗位设置

人才招聘业务设置经办岗 2 个、审核岗 1 个、复核岗 1 个、审批岗 1 个。经办岗设置在用人需求部门及人事处,各部门负责提出本部门的招聘计划,人事处负责编写招聘方案、发布招聘信息、组织招聘实施等工作;审核岗设置在人事处招聘管理岗,负责对经办岗报送的需求计划、招聘方案、开展应聘及拟聘人员信息进行审核;复核岗设置在人事处处长或分管工作的副处长,负责对审核岗的办理结果进行复核;审批岗设置在分管人事处院领导,负责人员招聘的对上签批。

3.业务流程图

业务流程图见图 4—30。

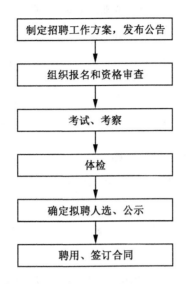

制定招聘工作方案，发布公告

组织报名和资格审查

考试、考察

体检

确定拟聘人选、公示

聘用、签订合同

图 4－30　人才招聘管理业务流程图

4.业务环节描述

环节 1：人事处根据招聘计划制定本级公开招聘工作方案,面向社会进行公开招聘岗位,公开渠道为院网站、第三方合作网站和有关高校就业网等。

环节 2：人事处组织报名并对应聘人员进行资格审查。

环节 3：人事处组织招聘考试,并对入围人选开展考察和复查工作。

环节 4：对考试考察合格的人员,由人事处组织体检,体检项目及标准参照《公务员录用体检通用标准》执行。

环节 5：经体检合格后的考察人选,由单位领导班子集体研究并确定拟聘人员,并将拟聘人员信息进行公示,公示期一般为 7 个工作日。

环节 6：公示期间未收到相关投诉、举报或申诉,经核查投诉、举报、申诉内容不实或不影响聘用的,由人事处报院审批。

环节 7：经审批同意的拟聘人员,人事处应及时通知其报到上岗,并办理签订聘用合同等聘用手续。

5.人才招聘业务主要风险点

人才招聘业务主要风险点见表 4－29。

表 4－29　　　　　　　　　　人才招聘业务主要风险点

风险类别	风险点	风险等级	责任主体
工作任务风险	招聘人员学科方向等与实际岗位需求有偏差,导致人岗匹配度不高	一般	人事处
纪律制度风险	未严格按照招聘程序进行,规范化精细化水平不高	重大	人事处

6.人才招聘业务主要控制措施

(1)严格按照招聘计划全过程加强管理。

(2)针对招聘程序存在的风险,对各环节工作进行跟踪纪实,将相关要求进一步细化,对存在风险环节的具体操作方法进行详细说明。

(3)严格执行事业单位回避制度,凡与用人单位负责人或部门负责人有夫妻关系、直系血亲关系、三代以内旁系血亲或者近姻亲关系的应聘人员,不得应聘该单位人事、财务、纪检监察岗位,以及有直接上下级领导关系的岗位。

实践思考

在公开招聘过程中应坚持按需设岗、人事相宜、德才兼备的选人用人标准,贯彻民主、公开、竞争、择优的原则,创新人才引进培养机制,用好多渠道引才荐才模式,发挥国家和地方人才政策支持叠加效应,努力防范用人风险,严格程序标准,千方百计招录各类急需紧缺人才和高水平高层次人才。

(四)成果转化类业务内部控制

事业单位是科技成果转化的主要力量之一,为了进一步提高科技成果转化效益和效率,为了规范热科院本级科技成果转移转化管理,制定成果转化类业务流程。

1.业务流程简介

本流程主要规范热科院本级成果转化类业务过程,确保成果转化高效、合理。

2.岗位职责设置

设置经办岗 1 个、审核岗 1 个、审批岗 1 个、执行岗 1 个。

经办岗设置在成果转化处,对于形成成果转化意向的科研成果,撰写成果转化可行性评估报告。

审核岗设置在分管院领导,负责审核可行性报告。

审批岗设置在院常务会,负责审议成果转化可行性报告,进行成果转化批示和监管。

执行岗设置在成果转化处,负责实施批准的成果转化项目,并跟踪、协调、反馈过程中的问题。待项目结束后,完善财务手续,实施成果转化收益分配。

3.业务流程图

业务流程图见图4—31。

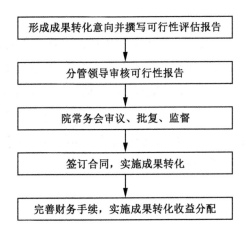

图4—31 成果转化类业务流程图

4.业务环节描述

环节1:成果转化评估环节。成果转化处经办岗接收成果转化意向,对拟转化的成果进行初步审查,并形成可行性报告。

环节2:分管领导审核可行性报告。

环节3:上报院常务会审议、决策。

环节4:成果转化实施环节。成果转化处实施院常务会决策,执行院常务会研究同意的成果转化项目,并根据成果转化相关制度跟踪、协调、反馈过程中的问题。

环节5:待项目结束后,完善财务手续,实施成果转化收益分配。

5. 成果转化类业务主要风险点

成果转化类业务主要风险点见表 4—30。

表 4—30   成果转化类业务主要风险点

风险类别	风险点	风险等级	责任主体
工作任务风险	决策风险,做出成果转化决策的科学性和准确性	据实核定	成果转化处
工作任务风险	选择合作方风险,合作方的实际情况会影响到成果转化的效果	据实核定	成果转化处
工作任务风险	合同约定条款与市场竞争主体约定条款不同,需结合自身特点来设定	一般	成果转化处

6. 成果转化类业务主要控制措施

(1)决策风险防控,是对成果转化的防控。选择成果转化对象,首先是了解意向合作企业的经营管理情况和成果应用的能力,进行事前控制;其次是编制对成果转化的可行性报告,分析、论证、评估拟转化成果的市场价值。坚持部门严格把关和领导集体决策的原则,防止成果转化决策失误。

(2)成果转化评估风险,对拟转化成果的市场价值进行充分的论证和评估,对受让企业的经营管理和成果转化、应用的能力进行全面了解,防止成果转化评估失误。

实践思考

科技成果转化是科学技术转变为现实生产力的重要途径,对推动经济社会发展具有重要意义,科研单位作为技术研究的源头,在转化过程中发挥重要作用。热科院在近些年的科技成果转化中取得了一定的成绩,但在这一过程中,不可忽略的是科研单位与市场竞争性主体不同,由于产品开发和市场拓展能力不足,单位往往不具备将科技成果转化为现实生产力的实力。这就要求单位需结合自身的特点,找到适合的科技成果转化模式,而不是进行盲目的转化,导致转化效果欠佳。在这种情况下,就需要对成果转化过程进行管控。一是充分考察了解合作方的实际情况,确保科技成果的安全性;二是合同风险管控,防止科技成果流失。在合同签订方面,由于科技成果转化的不可预见性,合作方往往要求科技成果转让款分阶段支付。对于科研单位而言,如果产品研发失败或者没有市场前景导致转化失败,转让剩余款项的支付条件就无法达成,科研单位有必要与合作方约定,如果合作方违约或者终止合同,首笔转让款不予退回,成果所有权仍归本单位拥有。

(五)审计类业务内部控制

热科院本级审计类业务主要包括经济责任审计和专项审计。审计作为监督的重要手段之一,其重要性不言而喻,尤其是经济责任审计,是中国特色社会主义审计监督制度的重要组成部分,对强化干部管理监督、促进党风廉政建设、维护国家经济安全等方面发挥重要作用。为防止滥用监督职权、规范审计监督业务管理,制定审计类业务内部控制流程。

1.业务流程简介

本流程主要用于规范热科院本级审计类业务,从源头抓起、科学计划、严格管理,通过审计早发现、早提醒、早警示、明晰权责、保护更多领导干部、发挥制度正效应。本流程通过对审计类业务中工作计划制定、审批、实施、整改及归档等过程进行描述,强化审计全过程管理。

2.岗位职责设置

结合纪检监察审计室工作职责、内部分工的实际情况,内部审计业务设置经办员岗位2个、审核员岗位1个,均设置在纪检监察审计室。2个经办员岗位均由具有审计工作经验的内审人员担任,主要负责审计业务的现场审计、取证、查阅资料、撰写审计取证单、审计底稿、跟踪检查审计整改以及审计资料的归档工作;1个审核员岗位由纪检监察审计室分管审计工作的领导担任,主要负责制定审计计划、审计工作实施方案、现场审计、取证、查阅资料、撰写审计报告,对经办员办理的审计结果进行审核,检查审计整改工作。

3.业务流程图

业务流程图见图4-32。

4.业务环节描述

环节1:制定年度审计工作计划环节。纪检监察审计室审核员根据院重点工作安排,合理制定年度审计工作计划,报院党组会审议批准。

环节2:制定审计工作实施方案环节。纪检监察审计室审核员(审计组组

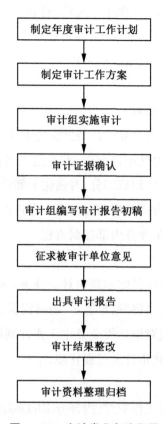

制定年度审计工作计划

制定审计工作方案

审计组实施审计

审计证据确认

审计组编写审计报告初稿

征求被审计单位意见

出具审计报告

审计结果整改

审计资料整理归档

图 4—32 审计类业务流程图

长)根据年度工作计划,对具体审计项目制定审计工作实施方案,明确审计的目标和方式、审计的范围和时间、人员的职责与分工等,同时向被审计单位印发审计通知书。

环节 3:审计组实施审计环节。纪检监察审计室审核员和经办员根据审计实施方案进场实施审计,组织召开审计进场见面会,审计人员通过审查被审单位的财务资料、业务档案、各种与审计业务有关的经济合同、协议、规章制度、会议记录文件、查看现场和相关人员个别谈话等方式收集审计证据,编写审计取证单。纪检监察审计室审核员(审计组组长)审核审计组成员提供的审计取证单,内容是否完整,证据是否属实,依据是否充分。

环节 4:审计证据确认环节。纪检监察审计室经办员和审核员根据审计取证单,组织被审单位领导、财务人员以及与审计内容相关的人员召开审计现场取证认定汇报会,被审单位签名、盖章确认。

环节5:编写审计报告初稿环节。纪检监察审计室审核员(审计组组长)根据现场审计取证单,在20个工作日内完成撰写审计报告征求意见稿。

环节6:征求被审计单位意见环节。纪检监察审计室组织相关人员对审核员(审计组组长)提交的审计报告征求意见稿进行审核,修改完善后经办人及时送达被审单位征求意见,被审单位在10个工作日内提出书面反馈意见。

环节7:出具审计报告环节。纪检监察审计室审核员(审计组组长)根据被审计单位反馈意见修订审计报告,提交纪检监察审计室主任审核,报分管院领导审定后出具审计报告,并按规定送达被审单位及相关部门。

环节8:审计结果整改环节。纪检监察审计室审核员和审核员根据审计报告提出的审计意见建议,要求被审单位在3个月内切实完成整改工作,审核员和经办员对被审单位提交的审计结果整改清单进行逐项逐条审核,并设置审计整改清单核销台账,确保审计意见整改全部到位。

环节9:审计资料整理归档环节。及时将审计计划、审计方案、审计通知、审计工作底稿、审计证据、审计报告、审计整改报告等材料整理归档。

5.审计类业务风险点

审计类业务风险点见表4—31。

表4—31　　　　　　　　　　　审计类业务风险点

风险类别	风险点	风险等级	责任主体
工作任务风险	未按工作计划和程序开展审计工作,未按审计取证单撰写审计报告	一般	纪检监察审计室
工作任务风险	审计整改不到位而不采取有效措施跟踪整改	一般	纪检监察审计室
纪律制度风险	审计人员违反审计工作纪律和廉洁自律准则	据实核定	纪检监察审计室
外部风险	被审计单位或被审人员有意阻拦,或授意其他人员阻拦审计人员开展正常审计工作	一般	纪检监察审计室

6.审计类业务主要控制措施

①在组织形式上要保证内审机构和人员相对独立。

②科学编制审计计划,细化审计工作实施方案,落实好责任主体及责任人的工作职责。

③建立良好的内部审计运行机制,完善内部审计质量控制制度,建立审计底稿三级复核制,把风险水平降到最低。

④规范审计报告的编写,审计报告措辞要严密精准,定性要准确,处理意见要公正、实事求是。建立审计报告内部复核制度,防范内部审计风险。

⑤运用现代先进的审计技术和工具,聚焦审计重点,提高审计质量。

⑥加强审计人员业务能力培训,提高综合业务素质和职业道德修养,提高发现问题的能力和防范保密意识。

⑦建立审计结果整改清单台账,定时跟踪审计整改情况。

实践思考

农业科研院所审计业务是保证单位健康发展的重要手段之一,目前在实际工作中,大部分审计业务是事后审计。随着国家对科研工作的日益重视,科研经费日益增长,内部审计的工作重点和内容会大幅度增加。不仅要进行财务业务审计,更要对固定资产、内部控制、经济责任等多方面进行审计,让审计工作渗透到单位所有的业务,为单位领导提供全方面的信息,为提高单位经济效益和社会效益服务。从审计角度提出的问题,往往更容易得到领导的关注和重视,使一些日常工作中容易边缘化的问题得到重视,比如固定资产闲置浪费、资产配置不均等问题。所以应建立强力有效的审计业务内控机制,对审计业务各环节进行有效监管,从而保证审计结果的公正和准确性。一是要有重点的开展审计业务,有的放矢,才容易达到审计的目的,有针对性的开展工作,查摆问题,增强工作主动性和目标性;二是要规范审计业务工作程序,按照工作要求开展工作,保证审计工作独立性;三是要提高审计人员的专业能力和廉洁自律的职业道德素养,强化保密意识;四是要跟踪审计问题的整改落实情况,采取多种形式进行"回头看",避免应付了事,切实落实问题整改。

第五节　内部控制监督检查和自我评价

一、成立内部控制监督检查和自我评价小组

确保内部控制监督和自我评价工作的顺利开展,单位内部控制监督检查和自我评价主要由院内部控制建设工作领导小组负责,具体业务由内部控制牵头部门财务处及相关部门人员负责。

内部控制监督检查和评价工作主要采用日常监督和专项监督,检查内部控制实施过程中存在的突出问题、管理漏洞和薄弱环节。

二、开展内部控制的监督检查工作

自内部控制规程印发执行之日起,各部门应当通过日常监督和专项监督,检查内部控制实施过程中存在的突出问题、管理漏洞和薄弱环节。

(一)日常监督检查工作

在日常工作中,要求各部门切实加大内控制度体系建设力度,对照内部控制规程,系统分析风险隐患,全面梳理查找各项业务中的风险点,制定切实可行的风险防控措施,并将有关措施落到实处。在实际工作中,进一步细化业务操作规程,全面加强内部控制,建立健全防风险制度体系并有效实施,确保不相容岗位相互分离、相互制约和相互监督;及时发现制度执行中存在的问题,并坚决予以纠正;及时修订或废止不适用的制度;及时将日常监督检查工作中存在的问题报送内部控制领导小组办公室——财务处。

(二)专项监督检查工作

针对各部门日常监督检查工作中存在的问题,由财务处联合纪检监察审计室开展定期或不定期的专项监督检查工作,分析问题存在的原因,并提出解决方案,确保内部控制有效实施。

三、开展内部控制的自我评价工作

通过自我评价,评估内部控制的全面性、重要性、制衡性、适应性和有效

性,发现存在的问题,提出解决措施,形成自查报告。各部门要针对内部控制规程实施中存在的问题,抓好整改落实,进一步完善健全制度,提高执行力,完善监督措施,确保内部控制有效实施。发现违反国家有关规定或者存在重大风险隐患的,必须立即纠正。具体实施情况如下:

(一)各部门对内部控制规程进行评价

召开内部控制工作小组会议前,将内部控制规程以及内部控制风险点发给各部门,要求各部门结合实际工作,对院本级各部门内部控制风险点进行评估,并对内部控制规程中的流程进行评价。各部门需要对本部门及其他部门风险点描述、风险等级等进行评估,对各个业务流程的适用性、有效性进行评价,并提出修订建议,以及下一步内部控制工作的安排和建议。

(二)定期召开内部控制工作小组会议

在内部控制小组会议上,参会人员对各部门提出的修订建议的可行性、准确性进行审议,形成评价报告,报领导审批后正式下发各部门。各部门根据评价报告内容,提出相关整改时限,并在整改时限内完成内部控制规程的修订,涉及制(修)订管理制度的,及时完成制度的制(修)订。

(三)完善内部控制规程

每年年底,财务处将各部门修订后的内部控制规程进行汇总,报内部控制领导小组审批后,印发当年最新的内部控制规程。

第六节　内部控制报告的编报

一、内部控制报告的编报管理

根据上级部门关于开展20××年度行政事业单位内部控制报告编报工作的通知要求,布置本单位的内部控制报告编报工作,具体包括填报的业务范围、填报的内容要求、需要提供的证明材料等。

(一)填报的业务范围

20××年度内控报告主要填报预算业务管理、收支业务管理、政府采购业务管理、资产管理、建设项目管理、合同管理六项业务流程,主要涉及部门包括财务处、院办公室、计划基建处、纪检监察审计室、科技处等。其他业务流程可参照报告要求进行总结。

（二）填报的内容要求

内容填报请参照《20××年度行政事业单位内部控制报告填写说明》，并特别注意内部控制报告数据准确性，与部门决算、政府采购、行政事业性国有资产报告等口径数据的一致性，以及与上年度内控报告统计口径的一致性，数据差异同比波动较大的，需在《20××年度行政事业单位内部控制报告数据质量自查表》中做出情况说明。

（三）需要提供的证明材料

所需提交的证明材料，如 20××年新制订的制度、现行使用的相关业务流程的制度、相关数据的来源报表或截图等请做好标识。涉及的已纳入内控规程的流程图，由财务处统一提供。相关证明材料应注意对应性和准确性。

（四）具体分工

六大业务领域的内部控制报告内容包含内部控制的工作职责及其分离情况、轮岗情况、建立健全内部控制制度情况等，并提供相关的制度文件作为证明材料。

1.院办公室负责填报单位层面内部控制建设情况中的权力运行制衡机制建立情况，负责业务层面内部控制情况中的合同业务管理的评价，填报合同订立规范情况、合同订立数（份）、经合法性审查的合同数（份）等。

2.科技处负责协助财务处填报本年单位事前绩效评估执行情况、本年单位项目支出绩效目标管理情况、本年单位预算绩效运行监控执行情况、本年单位预算绩效自评执行情况。

3.财务处牵头组织编报内部控制报告，负责填报单位层面内部控制建设情况中的内部控制机构组成情况、内部控制机构运行情况、政府会计改革情况等，业务层面内部控制情况中的预算业务管理、收支业务管理、政府采购业务管理、国有资产业务管理的评价，填报非税收入管控情况、本年支出预决算对比情况、"三公"经费支出上下年变动情况、政府采购预算完成情况、资产账实相符程度、固定资产处置规范程度等，填报信息系统层面内部控制建设情况等。

4.计划基建处负责业务层面内部控制情况中的建设项目业务管理的评

价,填报项目投资计划完成情况、年度投资计划总额(元)、年度实际投资额(元)等。

5.纪检监察审计室负责内部控制机构运行情况中的巡视、纪检监察、审计等形式发现的问题数量、针对发现问题通过内部控制体系调整优化及严格执行进行整改的问题数量等。

6.其他部门负责六大业务领域以外相关业务的内部控制制度情况。

(五)报送要求

请各部门于××月××日前将内部控制评价报告和相关证明材料发送至财务处邮箱。

二、需要提前准备的材料清单

1.20××年度内部控制评价材料;

2.20××年度内部控制规程;

3.20××年度的巡视报告、纪检监察报告、审计报告等;

4.单位管理制度汇编;

5.20××年度单位人员轮岗交流文件;

6.20××年度项目绩效评估、评价材料;

7.20××年度部门决算报告;

8.20××年度政府采购统计年报;

9.20××年度资产年报;

10.20××年度基建项目的投资下达计划文件或初步设计概算批复文件等;

11.20××年度合同签订统计材料;

12.20××年度信息系统建设情况。

三、内部控制报告编报

按照内部控制报告编报要求,审核各部门提供的材料,并将相关材料录入内部控制报告编报系统,导出内部控制报告。

通过编制内部控制报告,认真对照检查,查缺补漏,积极开展内部控制问题的整改落实工作,持续深化推进内控制度建设,着力堵塞风险防控管理漏洞,切实加大风险管控的力度,形成涵盖谋划、决策、审批、实施、监管、绩效等事前、事中、事后全过程监管体系,采取有力措施确保本单位内部控制体系的建立健全和有效实施,不断提高内部控制工作水平。

四、内控报告自查

按照《20××年度行政事业单位内部控制报告数据质量自查表》要求,对报告材料的规范性、基础数据的规范性、上下年数据变动合理性、业务数据的准确性以及同口径数据一致性、数值型指标的合理性等方面,要求填报单位进行自我审核,确保数据的准确性和一致性。

五、内控报告报送

内控报告填报、审核完毕,提交内部控制建设工作领导小组审议通过后,按要求报送上级主管部门。

参考文献

[1]罗伯特·R. 穆勒. COSO 内部控制实施指南[M]. 秦荣生,张庆龙,韩菲,译. 北京：电子工业出版社,2015.

[2]付君. 内部控制学[M]. 上海：立信会计出版社,2015.

[3]郝建国,陈胜华,王秋红. 行政事业单位内部控制规范实际操作范本[M]. 北京：中国市场出版社,2015.

[4]李素鹏. 行政事业单位内部控制体系建设全流程操作指南[M]. 北京：人民邮电出版社,2020.

[5]中华人民共和国财政部网. 财政部 证监会 审计署 银监会 保监会 关于印发《企业内部控制基本规范》的通知[2008].

[6]财政部关于印发《行政事业单位内部控制规范（试行）》的通知[2012].